117. Band. **Inhalt:** 2. Heft.

Seite

van der Waerden, B. L., Zenon und die Grundlagenkrise der griechischen Mathematik 141
(Anschrift: Leipzig S 3, Fockestraße 8a)

Ackermann, W., Zur Widerspruchsfreiheit der Zahlentheorie 162
(Anschrift: Burgsteinfurt, Moltkestraße 9)

Steck, M., Das schwache E. P.-Axiom und die Beweise der Anordnungsaxiome 195
(Anschrift: München-Solln, Streblstraße 12)

Bachmann, Fr., Stufen der absoluten Geometrie. Die Frage nach der Unabhängigkeit der Anordnung 197
(Anschrift: Marburg a. d. Lahn, Universitätsstraße 46)

Reichardt, H., Über die Diophantische Gleichung $a x^4 + b x^2 y^2 + c y^4 = e z^2$ 235
(Anschrift: Leipzig S 3, Kronprinzenstraße 85 III)

Petersson, H., Konstruktion der sämtlichen Lösungen einer Riemannschen Funktionalgleichung durch Dirichlet-Reihen mit Eulerscher Produktentwicklung. III. 277
(Anschrift: Prag XVI in Böhmen, Zborovská 22 III bei Zuber)

ISBN 978-3-662-28099-7 ISBN 978-3-662-29607-3 (eBook)
DOI 10.1007/978-3-662-29607-3

An unsere Mitarbeiter!

Die Korrekturkosten sind bei den „Mathematischen Annalen“ sehr hoch. Sie betragen nach einer Kalkulation 6% des Gestehungspreises eines Bandes. Für ihre Verminderung muß unbedingt Sorge getragen werden. Wir richten deshalb an alle unsere Mitarbeiter die freundliche dringende Bitte, zu diesem Ziele an ihrem Teile mit beitragen zu wollen. Dazu ist nötig:

1. Das Manuskript muß *völlig druckfertig* und *gut leserlich* sein (Schreibmaschine, Formeln aber *nur* handschriftlich).

2. Veränderungen des Textes in der Korrektur sind auf die Fälle zu beschränken, wo sich nachträglich *wirkliche Irrtümer* herausstellen. Sollte ein Irrtum bemerkt werden, bevor noch Korrektur eingetroffen ist, dann ist ein verbesserter Text sofort an die Redaktion zu schicken, die dafür Sorge tragen wird, daß das Manuskript noch vor dem Satz berichtigt wird.

Insbesondere sind rein stilistische Verbesserungen zu unterlassen. Größere Änderungen und Zusätze, die sich nicht auf die Berichtigung von Irrtümern beschränken, bedürfen der Zustimmung der Redaktion und sollen, auch um der geschichtlichen Genauigkeit willen, in einer Fußnote als nachträglich gekennzeichnet und datiert werden.

Als Norm soll gelten, daß der Verfasser von jeder Arbeit *eine Fahnenkorrektur und eine Korrektur in Bogen* liest. Wir bitten unsere Verfasser, sich hiermit begnügen zu wollen.

Die Redaktion der Mathematischen Annalen.

Die MATHEMATISCHEN ANNALEN

erscheinen zwanglos in Heften, die zu Bänden von rd. 50 Bogen vereinigt werden. Sie sind durch jede Buchhandlung zu beziehen. Die Mitglieder der Deutschen Mathematiker-Vereinigung haben Anspruch auf einen Vorzugspreis.

Es wird ausdrücklich darauf aufmerksam gemacht, daß mit der Annahme des Manuskriptes und seiner Veröffentlichung durch den Verlag das ausschließliche Verlagsrecht für alle Sprachen und Länder an den Verlag übergeht, und zwar bis zum 31. Dezember desjenigen Kalenderjahres, das auf das Jahr des Erscheinens folgt. Hieraus ergibt sich, daß grundsätzlich nur Arbeiten angenommen werden können, die vorher weder im Inland noch im Ausland veröffentlicht worden sind und die auch nachträglich nicht anderweitig zu veröffentlichen der Autor sich verpflichtet.

Die Mitarbeiter erhalten von ihren Arbeiten 75 Sonderdrucke unentgeltlich. Weitere 125 Exemplare werden, falls bei Rücksendung der 1. Korrektur bestellt, gegen eine angemessene Entschädigung geliefert. Darüber hinaus gewünschte Exemplare müssen zum Bogennettopreise berechnet werden. Mit der Lieferung von Dissertationsexemplaren befaßt sich die Verlagsbuchhandlung grundsätzlich nicht; sie stellt jedoch den Doktoranden den Satz zur Anfertigung der Dissertations-Pflichtstücke durch die Druckerei kostenlos zur Verfügung.

Für die Mathematischen Annalen bestimmte Manuskripte können bei jedem der unten verzeichneten Redaktionsmitglieder eingereicht werden:

Professor *H. Behnke,* Münster i.W., Hüfferstraße 60,

Professor *E. Hecke,* Hamburg 13, Rothenbaumchaussee 21,

Professor *B. L. van der Waerden,* Leipzig S 3, Fockestraße 8a.

Über die Diophantische Gleichung $ax^4 + bx^2y^2 + cy^4 = ez^2$.

Von

Hans Reichardt in Leipzig *).

Einleitung.

Im Laufe der Zeit ist eine ganze Reihe von speziellen Diophantischen Gleichungen der Form

(1) $$ax^4 + bx^2y^2 + cy^4 = ez^2$$

vollständig gelöst worden. Bisher ist es jedoch weder gelungen, ein Verfahren anzugeben, das bei einer beliebig vorgegebenen Gleichung dieser Art die Entscheidung über Lösbarkeit oder Unlösbarkeit in endlich vielen Schritten ermöglicht, noch ein Verfahren anzugeben, das im Falle der Lösbarkeit die genaue Kenntnis der Struktur der Gesamtheit der Lösungen vermittelt, das also insbesondere darüber Auskunft gibt, ob die Gleichung endlich oder unendlich viele Lösungen besitzt. Einen gewissen Einblick erhält man dadurch, daß die Lösungen hinsichtlich einer Verknüpfung, die wir als Addition bezeichnen, eine Gruppe bilden. Zu dieser Addition kommt man, indem man entweder für die zur Gleichung

$$a\xi^4 + b\xi^2 + c = e\eta^2$$

gehörigen elliptischen Funktionen das Additionstheorem aufstellt oder indem man rein algebraisch der Multiplikation der Divisorenklassen des durch diese Gleichung definierten algebraischen Funktionenkörpers eine Additionsvorschrift für die Lösungen entnimmt [1]). Von diesem Modul der Lösungen hat nun Mordell [2]) gezeigt, daß er eine endliche Basis besitzt, und A. Weil [3]) hat folgende Verallgemeinerung bewiesen: Die Gruppe der Divisorenklassen eines beliebigen algebraischen Funktionenkörpers über einem algebraischen Zahlkörper besitzt eine endliche Basis. Es handelt sich hierbei jedoch um reine Existenzsätze; den Beweisen kann man nicht entnehmen, wie eine solche Basis in endlich vielen Schritten konstruiert werden kann.

---

*) Eingereicht zur Erlangung des Grades eines Dr. phil. habil. an der Philosophischen Fakultät der Universität Leipzig.

[1]) Für alle hier gebrauchten Begriffe und Sätze über Funktionenkörper s. H. Hasse, Zur Theorie der abstrakten elliptischen Funktionenkörper I, II, III, Journ. f. d. r. u. angew. Math. **175** (1936), S. 55—62, 69—88, 193—208, vor allem I und II, sowie die dort angegebene Literatur.

[2]) On the rational solutions of the indeterminate equations of the third and fourth degrees, Proc. Cambr. Phil. Soc. **21** (1922).

[3]) L'arithmétique sur les courbes algébriques, Acta math. **52** (1929).

Das Ziel der vorliegenden Arbeit ist es, den Zusammenhang zwischen den folgenden drei noch ungelösten Problemen aufzudecken:

1. *Über die Lösbarkeit zu entscheiden und im Falle der Lösbarkeit eine Lösung anzugeben.*

2. *Eine Basis des Moduls der Lösungen einer lösbaren Gleichung anzugeben.*

3. *Alle Gleichungen der gegebenen Form zu bestimmen, die sich birational in die Gleichung*

$$x^4 + bx^2y^2 + cy^4 = z^2$$

transformieren lassen.

Wir werden sehen, daß diese drei Probleme in folgendem Sinne völlig gleichwertig sind:

1. Zur Aufstellung des Moduls und zur Entscheidung über die birationale Äquivalenz genügt es, von gewissen endlich vielen Gleichungen die Lösbarkeit zu entscheiden und für die lösbaren je eine Lösung anzugeben.

2. Um die Lösbarkeit von (1) zu entscheiden und eine Lösung anzugeben, genügt es, eine Basis aller Lösungen der lösbaren Gleichung

$$x^4 + bex^2y^2 + ace^2y^4 = z^2$$

aufzustellen. Mit Hilfe dieser Basis kann man weiter alle mit dieser Gleichung birational äquivalenten Gleichungen der gegebenen Form angeben.

3. Zur Entscheidung der Lösbarkeit und zur Angabe aller Lösungen mittels einer Basis genügt es, alle zu einer gewissen Gleichung

$$x^4 + bx^2y^2 + cy^4 = z^2$$

birational äquivalenten anzugeben.

Da die späteren Ausführungen stellenweise von längeren Rechnungen durchsetzt sind, gebe ich vorweg eine kurze Darstellung der einzelnen Ergebnisse.

In Abschnitt I finden sich vorbereitende Bemerkungen darüber, daß Gleichungen und Lösungen, die durch gewisse triviale Transformationen ineinander übergeführt werden können, nicht als wesentlich verschieden anzusehen sind (z. B. können wir im folgenden stets $e = 1$ nehmen), sowie über den Zusammenhang der Lösungen der Gleichung mit den Primdivisoren ersten Grades des zugehörigen Funktionenkörpers. Mit Hilfe einer „*p-adischen descente infinie*“ wird ferner gezeigt, daß unter den Gleichungen

$$r\,(ar^2x^4 + brx^2y^2 + cy^4) = z^2, \tag{2}$$

die später eine Rolle spielen werden, *nur endlich viele wesentlich verschiedene lösbare vorkommen.*

Abschnitt II gibt ein Verfahren an, nach dem jede Lösung der gegebenen Gleichung (1) zurückgeführt wird auf eine Lösung einer der Gleichungen

$$(3) \qquad s\,(x'^4 - 2\,b s x'^2 y'^2 + s^2 d y'^4) = z'^2 \qquad (d = b^2 - 4\,ac),$$

vorausgesetzt, daß eine Lösung von (1) bekannt ist, und jede Lösung einer jeden lösbaren dieser Gleichungen liefert auch wirklich eine Lösung von (1). Wendet man das gleiche Verfahren auf alle diese Gleichungen (3) an, so kommt man auf die lösbaren unter den Gleichungen

$$(4) \qquad s'\,(a s'^2 x''^4 + b s'\, x''^2 y''^2 + c y''^4) = z''^2,$$

unter denen die Gleichung (1) als Spezialfall enthalten ist. Wendet man das gleiche Verfahren wieder auf diese Gleichungen (4) an, so kommt man nur auf die Gleichungen (3) und auf keine weiteren Gleichungen. Man kann nun zeigen, daß sich fast immer, d. h. bis auf endlich viele Ausnahmen, die sich wirklich angeben lassen, bei jedem Schritte dieses Verfahrens das Maximum der absoluten Beträge von x und y erniedrigt. Damit hat man *eine Methode, alle Lösungen der Gleichungen* (3) *und* (4) *aus endlich vielen unter ihnen schrittweise herzuleiten und insbesondere zu entscheiden, ob die Zahl der Lösungen endlich oder unendlich ist. Voraussetzung für die Durchführbarkeit dieses Verfahrens ist, daß man von den Gleichungen* (3) *und* (4), *von denen nach* I *nur endlich viele lösbar sind, entschieden hat, welche wirklich lösbar sind, und je eine Lösung angegeben hat.* Die zu dieser „*descente infinie nach dem absoluten Betrag*" nötigen Abschätzungen führen wir jedoch hier nicht durch, weil sie durch eine spätere Abschätzung überflüssig gemacht werden.

In Abschnitt III werden wir zeigen, daß *der Übergang von der Ausgangsgleichung* (1) *zu einer der Gleichungen* (3) *aufgefaßt werden kann als Einbettung des zu* (1) *gehörigen Funktionenkörpers in eine quadratische Erweiterung, die gerade der zu dieser Gleichung* (3) *gehörige Funktionenkörper ist.* Bei dieser Gelegenheit ergibt sich verhältnismäßig einfach *eine birationale Transformation von* (1) *in die zugehörige Weierstraßsche Normalform, aus der man dann ablesen kann, welche Gleichungen der gegebenen Form birational äquivalent mit*

$$x^4 + b x^2 y^2 + c y^4 = z^2$$

sind (Satz 1), *wieder vorausgesetzt, daß man die Lösbarkeit gewisser Gleichungen, deren Anzahl auf Grund von* I *endlich ist, entscheiden und je eine Lösung angeben kann.* Speziell zeigt sich dabei, daß *die lösbaren unter den Gleichungen* (3) *untereinander birational äquivalent sind.* Umgekehrt sind natürlich birational äquivalente Gleichungen gleichzeitig lösbar oder unlösbar, so daß in der Tat die Probleme 1. und 2. gleichwertig sind.

Ebenso wie der zu (1) gehörige Funktionenkörper in einen quadratischen Erweiterungskörper, der zu einer lösbaren Gleichung (3) gehört, eingebettet worden ist, kann man diesen Erweiterungskörper seinerseits wieder in einen quadratischen Erweiterungskörper einbetten, der zu einer lösbaren Gleichung (4) gehört. Nach Satz 1 sind nun diese Gleichungen (4) mit (1) birational äquivalent, daher folgt: *Der Übergang von der lösbaren Gleichung* (1) *über die Gleichungen* (3) *zu den Gleichungen* (4) *bedeutet eine Einbettung des zu* (1) *gehörigen Funktionenkörpers in einen Erweiterungskörper vom Grad* 4, *der isomorph zum eingebetteten Körper ist.* Wir haben also einen *Meromorphismus der Norm* 4 vor uns.

Eine weitere Folgerung aus der birationalen Äquivalenz der lösbaren Gleichungen (3) ist die, daß die Gruppen ihrer Lösungen isomorph sind; denn jede von ihnen ist isomorph mit der Gruppe der Divisorenklassen des Grades 0 des zugehörigen Funktionenkörpers, und wegen der birationalen Äquivalenz ihrer erzeugenden Gleichungen sind diese Funktionenkörper alle miteinander isomorph, also gilt das gleiche für ihre — birational invariant definierte — Divisorenklassengruppe. Es genügt daher, die Gruppe der Lösungen für eine spezielle dieser Gleichungen aufzustellen, und zwar nehmen wir dazu die Gleichung

$$x^4 + b x^2 y^2 + c y^4 = z^2,$$

weil bei dieser die Additionsformeln noch verhältnismäßig einfach ausfallen. Das geschieht in Abschnitt IV, in dem auch noch eine geometrische Deutung dieser Addition gegeben wird.

In II wurde gemäß (3) jeder Lösung $\mathfrak{p}$ der Ausgangsgleichung (1) eine Zahl s zugeordnet. Diese Zuordnung liefert, wie in Abschnitt V gezeigt wird, folgende *homomorphe Abbildung der Gruppe der Lösungen* $\mathfrak{p}$ *auf eine endliche Gruppe von Quadratklassen*: Sind $\mathfrak{p}_1, \mathfrak{p}_2, \mathfrak{p}_3$ drei Lösungen und gehören dazu die Zahlen s_1, s_2, s_3, so gilt, wenn $\mathfrak{p}_1 + \mathfrak{p}_2 = \mathfrak{p}_3$ ist, $s_1 s_2 \underset{(2)}{=} s_3$, d. h. $s_1 s_2$ und s_3 unterscheiden sich um einen von Null verschiedenen Faktor, der eine Quadratzahl ist (Satz 2). Daraus können wir eine wichtige Folgerung ziehen: *Die endlich vielen lösbaren Gleichungen* (2) *mit* $a = 1$ *bilden in folgendem Sinne eine Gruppe*: *Ist* (2) *für* $r \underset{(2)}{=} r_1$ *und für* $r \underset{(2)}{=} r_2$ *lösbar, so auch für* $r \underset{(2)}{=} r_1 r_2$ (Satz 3).

Neben der Zahl s ist jeder Lösung $\mathfrak{p}$ gemäß (4) noch eine Zahl s' zugeordnet, die hinsichtlich der Addition der Lösungen ein ähnliches Verhalten wie s aufweist (Satz 4). Andererseits kann man zeigen, daß durch Angabe der Quadratklassen der beiden Zahlen s und s' die Restklasse von $\mathfrak{p}$ nach derjenigen Untergruppe aller Lösungen festgelegt ist, die aus den Elementen $2\mathfrak{q} = \mathfrak{q} + \mathfrak{q}$ besteht, indem man die Sätze 3 und 4 sowie den Satz 5 anwendet, der aussagt, daß $\mathfrak{p}$ dann und nur dann dieser Untergruppe angehört, wenn s und s' oder $c s'$ Quadratzahlen sind. Daraus ergibt sich jetzt, daß die Faktorgruppe aller $\mathfrak{p}$ nach der Untergruppe der $2\mathfrak{p}$ eine endliche Ordnung hat und daß diese Ordnung bestimmt werden kann, wenn man weiß, wie viele der Gleichungen (3) und (4) lösbar sind (Satz 6).

Um den hier gegebenen Rahmen nicht zu verlassen, ziehen wir nicht die Sätze von Mordell und Weil heran, sondern beweisen mit Hilfe einer descente nach dem absoluten Betrag, daß *die Gruppe der Lösungen eine endliche Basis besitzt* (Satz 7). Bei diesem Beweis wird nur für *die Konstruktion der Basis* Gebrauch von der Voraussetzung gemacht, daß man je eine Lösung der lösbaren unter den Gleichungen (3) und (4) kennt, während man zum reinen Existenzbeweis für die Basis bereits mit der in I bewiesenen Tatsache auskommt, daß von diesen Gleichungen nur endlich viele lösbar sind. Da man ihre Anzahl leicht abschätzen kann (s. den Beweis in I), bekommt man auch sofort eine *Abschätzung für die Länge dieser Basis*. — Umgekehrt entnimmt man aber auch leicht dem Beweis des Satzes 7 und den vorangehenden Beweisen, daß man, wenn man eine Basis der Lösungen von

$$x^4 + bx^2y^2 + cy^4 = z^2$$

bereits kennt, entscheiden kann, welche unter den Gleichungen

$$r(r^2x^4 + brx^2y^2 + cy^4) = z^2$$

lösbar sind. Da man nun durch eine einfache Transformation jede Gleichung (1) auf diese Form bringen kann, ergibt sich, daß die Entscheidung über die Lösbarkeit einer gewissen endlichen Anzahl vorgelegter Gleichungen völlig gleichbedeutend ist mit der Angabe einer Basis aller Lösungen von (5), womit nunmehr alle drei zu Anfang genannten Probleme als gleichwertig erkannt sind.

Kombination der Sätze 6 und 7 liefert *die Anzahl ϱ der unabhängigen Erzeugenden unendlicher Ordnung der Gruppe der Lösungen*: Nach Satz 3 sind die Anzahlen der lösbaren Gleichungen (3) und (4) Potenzen von 2; sie seien 2^{ϱ_1} und 2^{ϱ_2}. Dann ist $\varrho = \varrho_1 + \varrho_2 - 2$ (Satz 8).

Zum Schluß von Abschnitt V wird noch gezeigt, wie man aus einer beliebigen Basis der Gruppe der Lösungen eine unabhängige Basis gewinnen kann.

Bisher war stillschweigend vorausgesetzt, daß die Koeffizienten der Gleichungen sowie die Lösungen aus rationalen Zahlen bestehen. Fast alle hier durchgeführten Betrachtungen übertragen sich aber wörtlich, wenn man an Stelle des Körpers der rationalen Zahlen einen beliebigen algebraischen Zahlkörper endlichen Grades zuläßt; lediglich im Beweis von Satz 7 und in der darauffolgenden Abschätzung hat man alle Archimedischen Bewertungen des Konstantenkörpers gleichzeitig heranzuziehen. Zu dieser Verallgemeinerung braucht man an Sätzen über algebraische Zahlkörper nur den Satz von der Endlichkeit der Gruppe der Idealklassen und den Satz, daß die Gruppe der Einheiten eine endliche Basis besitzt, sowie die Tatsache, daß es in einem algebraischen Zahlkörper nur endlich viele ganze Zahlen gibt, die zugleich mit ihren konjugierten unterhalb einer beliebig gegebenen Grenze liegen.

Wenn man sich nun einmal von der Beschränkung auf den rationalen Zahlkörper frei gemacht hat, so kann man jeden elliptischen Funktionenkörper, dessen Konstantenkörper ein algebraischer Zahlkörper ist, nach einer geeigneten endlichen Erweiterung des Konstantenkörpers durch eine Gleichung der hier betrachteten Form erzeugen, was in Abschnitt VI geschieht. Zum Schluß dieses Abschnittes wird ein Verfahren angegeben, wie man aus einer Basis der Gruppe der Primdivisoren ersten Grades aus dem erweiterten Körper die entsprechende Basis für den ursprünglichen Körper gewinnen kann. Damit haben wir erkannt, daß man *die Hauptprobleme über elliptische Funktionenkörper über einem algebraischen Zahlkörper erledigen kann, wenn nur eines der zu Anfang genannten drei Probleme für Gleichungen der Form* (1) *über einem beliebigen algebraischen Zahlkörper gelöst ist.*

I.

Damit die vorgelegte Gleichung

$$ax^4 + bx^2y^2 + cy^4 = ez^2 \tag{1}$$

nicht degeneriert, müssen wir voraussetzen, daß weder die Koeffizienten a, c, e noch die Diskriminante

$$d = b^2 - 4\,ac$$

Null sind. Weiter wollen wir annehmen, daß die Koeffizienten ganze rationale Zahlen sind und wollen nur die rationalen Lösungen bestimmen; wenn man nämlich einen umfangreicheren algebraischen Zahlkörper zuläßt, so verlaufen die Betrachtungen im wesentlichen auch nicht anders, werden aber durch das Auftreten von Idealklassen und Einheiten nur belastet.

Mit x, y, z ist auch tx, ty, t^2z eine (nicht notwendig ganzzahlige) Lösung und soll als nicht wesentlich verschieden von der Lösung x, y, z aufgefaßt werden, wobei wir für t beliebige rationale Zahlen $\neq 0$ zulassen. Aus einer solchen Menge von gleichen Lösungen kann man durch geeignete Normierungsvorschriften eindeutig einen Repräsentanten herausheben, z. B. durch die Forderung, daß x, y, z ganz sind, daß (x, y) möglichst klein und schließlich $x > 0$ oder $x = 0$ und $y > 0$ ist. (Die triviale Lösung $x = y = 0$ wird natürlich weggelassen.)

Von dem willkürlichen Faktor kann man sich auch ohne Normierungsvorschriften frei machen, indem man die ganze Gleichung durch y^4 dividiert, falls $y \neq 0$ ist:

$$a\left(\frac{x}{y}\right)^4 + b\left(\frac{x}{y}\right)^2 + c = e\left(\frac{z}{y^2}\right)^2.$$

Man erhält so eine rationale Lösung der Gleichung

$$a\xi^4 + b\xi^2 + c = e\eta^2.$$

Ist umgekehrt ξ, η eine rationale Lösung dieser Gleichung, so lassen sich aus $\xi = \frac{z}{y}$, $\eta = \frac{x}{y^2}$ Zahlen x, y, z bestimmen, die dann in unserem Sinne gleiche Lösungen von (1) liefern. — Nun entspricht jeder Lösung von (2) in bekannter Weise eindeutig ein Primdivisor ersten Grades des durch (2) definierten Funktionenkörpers, wobei also ξ und η jetzt Unbestimmte bedeuten, die durch (2) miteinander verbunden sind. Daher erhalten wir aus gleichen Lösungen von (1) mit $y \neq 0$ genau einen Primdivisor ersten Grades, während verschiedene Lösungen auf verschiedene Primdivisoren führen. Man erhält so auch alle Primdivisoren ersten Grades bis auf die, die im Nenner von ξ aufgehen. Diese entsprechen aber den Lösungen von (1) mit $y \neq 0$: Solche Lösungen kann es nämlich nur geben, wenn $\frac{c}{e}$ eine Quadratzahl ist, und diese Lösungen sind dann $t, 0, \pm t\sqrt{\frac{c}{e}}$, und zu diesen beiden Lösungen gehören die beiden Primdivisoren ersten Grades, die in diesem Falle im Nenner von ξ aufgehen. Ist dagegen $\frac{c}{e}$ keine Quadratzahl, so besitzt (1) keine Lösung mit $y = 0$, während der Nennerdivisor von ξ offenbar Primdivisor im Körper $\mathsf{P}(\xi, \eta)$ bleibt. Damit haben wir also gesehen, daß die Primdivisoren $\mathfrak{p}$ ersten Grades von $\mathsf{P}(\xi, \eta)$ eineindeutig den verschiedenen Lösungen von (1) entsprechen. Daher werden wir gelegentlich kurz von dem Primdivisor x, y, z oder der Lösung $\mathfrak{p}$ sprechen, wenn $\mathfrak{p}$ der zur Lösung x, y, z gehörige Primdivisor ist.

Multipliziert man alle Koeffizienten von (1) mit demselben Faktor, so entsteht keine wesentlich neue Gleichung. Setzt man

$$x = x'p, \quad y = y'q, \quad z = z'r$$

mit festen rationalen, von Null verschiedenen Zahlen p, q, r, so geht die gegebene Gleichung über in

$$a'x'^4 + b'x'^2y'^2 + c'y'^4 = e'z'^2$$

mit

$$a' = ap^4, \quad b' = bp^2q^2, \quad c' = cq^4, \quad e' = er^2,$$

und auch diese Gleichung soll nicht als wesentlich verschieden von der ursprünglichen aufgefaßt werden. In diesem Sinne sind z. B. die Gleichungen

$$r(ar^2x^4 + brx^2y^2 + cy^4) = ez^2,$$
$$\hat{r}(a\hat{r}^2\hat{x}^4 + b\hat{r}\hat{x}^2\hat{y}^2 + c\hat{y}^4) = e\hat{z}^2$$

nicht verschieden, wenn nur r und $\hat{r}$ derselben Quadratklasse angehören, d. h. wenn $\hat{r} = rk^2$ mit rationalem $k \neq 0$; denn dann lautet die zweite Gleichung

$$r k^2 (a r^2 k^4 \hat{x}^4 + b r k^2 \hat{x}^2 \hat{y}^2 + c \hat{y}^4) = e \hat{z}^2,$$

und diese geht über in die erste, wenn wir

$$\hat{x} = \frac{x}{k}, \quad \hat{y} = y, \quad \hat{z} = k z$$

setzen. — Ähnlich kann man erreichen, daß $e = 1$ wird, während a, b, c ganz bleiben: Es ist ja

$$a e x^4 + b e x^2 y^2 + c e y^4 = (e z)^2.$$

Wir wollen daher, um einen Buchstaben zu sparen, immer $e = 1$ annehmen. Dann ist für die normierten Lösungen $(x, y) = 1$; denn setzen wir $(x, y) = t$, so folgt aus

$$a x^4 + b x^2 y^2 + c y^4 = z^2$$

$t^4 \mid z^2$, und daher ist $\frac{x}{t}, \frac{y}{t}, \frac{z}{t^2}$ eine ganzzahlige Lösung mit $\left(\frac{x}{t}, \frac{y}{t}\right) = 1$, und daraus folgt nach der Normierungsvorschrift $t = 1$.

Gleichungen, die nicht wesentlich voneinander verschieden sind, sind entweder alle lösbar oder alle unlösbar, daher kommt es z. B., wie wir oben gesehen haben, bei der Frage, für welche r die Gleichung

$$r(a r^2 x^4 + b r x^2 y^2 + c y^4) = z^2 \tag{3}$$

lösbar ist, nur auf den quadratischen Kern von r an, d. h. auf die Quadratklasse von r. Wir wollen nun zeigen, daß (3) nur für endlich viele Werte des Kernes von r lösbar ist. Diese Behauptung ergibt sich daraus, daß wir beweisen: Enthält der quadratische Kern von r eine Primzahl p, die nicht in ac aufgeht, so ist (3) unlösbar; denn wenn das gezeigt ist, ergibt sich, daß im Falle der Lösbarkeit im Kern von r nur die endlich vielen Primteiler von ac aufgehen können. Schreiben wir die Gleichung (3) so:

$$a r^3 x^4 + b r^2 x^2 y^2 + c r y^4 = z^2,$$

so lesen wir ohne weiteres daraus ab: Zunächst ist $p \mid z^2$, also $p \mid z$. Jetzt folgt $p^2 \mid r y^4$, also $p \mid y$ wegen $p^2 \nmid r$, wie wir von vornherein annehmen dürfen, da es ja nur auf den Kern von r ankommt. Nun folgt $p^3 \mid z^2$, also $p^2 \mid z$, und schließlich folgt $p \mid x$ wegen $p^4 \mid a r^3 x^4$ und $p^4 \nmid a r^3$. Wäre daher x, y, z eine ganzzahlige Lösung von (3), so wäre $\frac{x}{p}, \frac{y}{p}, \frac{z}{p^2}$ auch eine. Nochmalige Anwendung dieser Schlußweise ergäbe, daß auch $\frac{x}{p^2}, \frac{y}{p^2}, \frac{z}{p^4}$ eine ganzzahlige Lösung von (3) wäre usw. Da aber x und y nicht beide Null sind, geht in ihrem größten gemeinsamen Teiler nur eine beschränkte Potenz von p auf.

II.

Wir wollen nun annehmen, daß wir eine Lösung x_0, y_0, z_0 von

$$ax^4 + bx^2y^2 + cy^4 = z^2 \tag{1}$$

bereits kennen. Ist weiter x, y, z eine beliebige Lösung von (1) und setzen wir $X = x^2$, $Y = y^2$, $Z = z$, so ist X, Y, Z eine Lösung von

$$aX^2 + bXY + cY^2 = Z^2. \tag{2}$$

$X_0 = x_0^2$, $Y_0 = y_0^2$, $Z_0 = z_0$ ist eine feste ganzzahlige Lösung von (2), und daraus entspringt in bekannter Weise eine rationale Parameterdarstellung von X, Y, Z. Man erhält sie etwa, indem man X, Y, Z als homogene Koordinaten auffaßt und die Richtung der Verbindungsgeraden mit X_0, Y_0, Z_0, die den Kegelschnitt (2) ja nur in diesen beiden Punkten schneidet, als Parameter nimmt. Man erhält so

$$\begin{cases} sX = Q_1(u, v), \\ sY = Q_2(u, v), \\ sZ = Q_3(u, v), \end{cases} \tag{3}$$

wobei Q_1, Q_2, Q_3 ganzzahlige quadratische Formen in u, v sind und für u, v ganze teilerfremde Zahlen einzusetzen sind. Die Zahl s nimmt nur endlich viele ganzzahlige Werte an.

Wir müssen die Fälle mit $x_0 y_0 z_0 \neq 0$ und $x_0 y_0 z_0 = 0$ getrennt behandeln. Zunächst nehmen wir $x_0 y_0 z_0 \neq 0$. Die Parameterdarstellung (3) hat dann folgende Gestalt:

$$\begin{cases} sX = X_0 u^2 + 2(bX_0 + 2cY_0)uv + dX_0 v^2, \\ sY = Y_0 u^2 - 2(2aX_0 + bY_0)uv + dY_0 v^2, \\ sZ = Z_0 u^2 \qquad\qquad\qquad\qquad - dZ_0 v^2. \end{cases}$$

Setzen wir nun hierin $X = x^2$, $Y = y^2$, $Z = z$ und $X_0 = x_0^2$, $Y_0 = y_0^2$, $Z_0 = z_0$ ein, so erhalten wir

$$\begin{cases} sx^2 = x_0^2 u^2 + 2(bx_0^2 + 2cy_0^2)uv + dx_0^2 v^2, \\ sy^2 = y_0^2 u^2 - 2(2ax_0^2 + by_0^2)uv + dy_0^2 v^2, \\ sz = z_0 u^2 \qquad\qquad\qquad\qquad - dz_0 v^2. \end{cases} \tag{4}$$

Eine Einschränkung von s auf endlich viele Werte erhalten wir folgendermaßen: Nach (4) ist

$$\begin{cases} s\left(x^2(2ax_0^2 + by_0^2) + y^2(bx_0^2 + 2cy_0^2) + 2zz_0\right) = 4z_0^2 u^2, \\ s\left(x^2(2ax_0^2 + by_0^2) + y^2(bx_0^2 + 2cy_0^2) - 2zz_0\right) = 4dz_0^2 v^2. \end{cases} \tag{5}$$

Wegen $(u, v) = 1$ ergibt sich daraus $s \mid 4dz_0^2$. Also hat man das Gleichungssystem (4) nur für diese endlich vielen Werte zu betrachten. Man könnte nun etwa für die Lösungen der ersten Gleichung von (4), die ja eine quadratische Diophantische Gleichung für x, u, v darstellt, eine Parameterdarstellung angeben und diese in die zweite Gleichung einsetzen. Empfehlenswerter ist es jedoch, eine der beiden ersten Gleichungen von (4) zu ersetzen durch die Gleichung

$$s\,(x^2 y_0^2 - y^2 x_0^2) = 2\,(2\,a\,x_0^4 + 2\,b\,x_0^2 y_0^2 + 2\,c\,y_0^4)\,uv\,,$$

die wir auch so schreiben können:

$$s\,(x y_0 + y x_0)\,(x y_0 - y x_0) = 4\,z_0^2\,uv.$$

Für deren Lösungen hat man die bekannte Parameterdarstellung

$$(6)\qquad \left\{\begin{array}{rlrl} s &= \alpha\beta\gamma & 4\,z_0^2 &= \alpha\delta\varepsilon \\ x y_0 + y x_0 &= \delta\varkappa\lambda & u &= \beta\varkappa\mu \\ x y_0 - y x_0 &= \varepsilon\mu\nu & v &= \gamma\lambda\nu \end{array}\right\}.$$

Die Parameter sind hier $\varkappa, \lambda, \mu, \nu$, während $\alpha, \beta, \gamma, \delta, \varepsilon$ nur endlich viele, von Null verschiedene Werte annehmen. Setzt man nun den hieraus sich ergebenden Ausdruck für x sowie die Ausdrücke für u, v in die erste Gleichung von (4) ein, so erhält man

$$s\left(\frac{\delta\varkappa\lambda + \varepsilon\mu\nu}{2\,y_0}\right)^2 = x_0^2\,\beta^2\,\varkappa^2\,\mu^2 + 2\,(b\,x_0^2 + 2\,c\,y_0^2)\,\beta\gamma\,\varkappa\lambda\,\mu\,\nu + d\,x_0^2\,\gamma^2\,\lambda^2\,\nu^2,$$

oder auch

$$(7)\qquad \varkappa^2\,(s\,\delta^2\lambda^2 - 4\,x_0^2 y_0^2 \beta^2\mu^2) + 2\,\varkappa\nu\cdot\lambda\mu\,(s\,\delta\,\varepsilon - 4\,b\,x_0^2 y_0^2\beta\gamma - 8\,c\,y_0^4\beta\gamma) + \nu^2\,(s\,\varepsilon^2\mu^2 - 4\,d\,x_0^2\,y_0^2\gamma^2\lambda^2) = 0.$$

Diese Gleichung können wir als quadratische Gleichung für $\varkappa:\nu$ auffassen. Weil sie eine rationale Lösung hat, muß ihre Diskriminante eine Quadratzahl sein:

$$(8)\qquad (s\,\delta\,\varepsilon - 4\,b\,x_0^2 y_0^2\beta\gamma - 8\,c\,y_0^4\beta\gamma)^2\lambda^2\mu^2 - (s\,\delta^2\lambda^2 - 4\,x_0^2 y_0^2\beta^2\mu^2)\,(s\,\varepsilon^2\mu^2 - 4\,d\,x_0^2 y_0^2\gamma^2\lambda^2) = \varrho^2.$$

Eine einfache Umformung dieser Gleichung unter Berücksichtigung der ersten Zeile von (6) führt auf

$$4\,s\,x_0^2 y_0^2\,(d\gamma^2\delta^2\lambda^4 - 2\,b\beta\gamma\,\delta\,\varepsilon\lambda^2\mu^2 + \beta^2\varepsilon^2\mu^4) = \varrho^2.$$

Setzen wir hierin

$$(9)\qquad \lambda = \frac{y'}{\delta}, \quad \mu = \frac{x'}{2 z_0\,\beta}, \quad \varrho = \frac{2\,x_0\,y_0\,z'}{\alpha\,\beta\,\delta}$$

ein, so erhalten wir, wieder unter Anwendung von (6),

$$s\,(d s^2 x'^4 - 2\,b s x'^2 y'^2 + y'^4) = z'^2.$$

Zu dem gleichen Ergebnis kommen wir im Falle $x_0 y_0 z_0 = 0$. Hier betrachten wir die Möglichkeiten $x_0 y_0 = 0$ und $z_0 = 0$ getrennt. Zunächst sei $x_0 y_0 = 0$, etwa $y_0 = 0$, also $ax_0^4 = z_0^2$. An Stelle der Gleichungen (4) treten hier die Gleichungen

$$(10)\qquad \begin{cases} sx^2 = x_0^2u^2 - 2bx_0^2uv + dx_0^2v^2 \\ sy^2 = \qquad 4ax_0^2uv \\ sz = z_0u^2 \qquad - dz_0v^2. \end{cases}$$

Genau wie oben schließt man hier, daß $s \mid 4\,dz_0^2$. Für die Lösungen der zweiten Gleichung von (10) gibt es nun folgende ganze rationale Parameterdarstellung:

$$(11)\qquad \left\{\begin{matrix} s = \alpha\beta\gamma & 4\,ax_0^2 = \alpha\delta\varepsilon\zeta^2 \\ y = \delta\varepsilon\zeta\varkappa\lambda & u = \beta\delta\varkappa^2 \\ & v = \gamma\varepsilon\lambda^2 \end{matrix}\right\},$$

wobei $\varkappa$, λ die Parameter sind, während $\alpha, \beta, \gamma, \delta, \varepsilon, \zeta$ nur endlich viele, von Null verschiedene Werte annehmen. Dies in die erste Gleichung von (10) eingesetzt, gibt

$$\alpha\beta\gamma x^2 = x_0^2\beta^2\delta^2\varkappa^4 + 2\,bx_0^2\beta\gamma\delta\varepsilon\varkappa^2\lambda^2 + dx_0^2\gamma^2\varepsilon^2\lambda^4.$$

Mit

$$(12)\qquad x = \frac{z'}{s\,x_0\,\alpha\beta\,\varepsilon\zeta^2},\quad \varkappa = \frac{y'}{2z_0\beta},\quad \lambda = \frac{x'}{x_0\,\varepsilon\zeta}$$

finden wir dann

$$s\,(ds^2x'^4 - 2\,bsx'^2y'^2 + y'^4) = z'^2.$$

Genau so gehen wir natürlich vor, wenn $x_0 = 0$ ist. Es bleibt also nur noch der Fall $z_0 = 0$ übrig. Hier tritt an Stelle von (4)

$$(13)\qquad \begin{cases} sx^2 = x_0^2u^2 + d\,(ax_0^2 + by_0^2)\,v^2, \\ sy^2 = y_0^2u^2 - ady_0^2v^2, \\ sz = dy_0^2uv. \end{cases}$$

Hieraus ergibt sich

$$(14)\qquad \begin{cases} s\,(x^2y_0^2 - y^2x_0^2) = d\,(2\,ax_0^2 + by_0^2)\,y_0^2v^2, \\ s\,\big(2\,ay_0^2x^2 + (ax_0^2 + by_0^2)\,y^2\big) = (2\,ax_0^2 + by_0^2)\,y_0^2u^2. \end{cases}$$

Aus diesen beiden Gleichungen folgt zunächst $s \mid d\,(2\,ax_0^2 + by_0^2)\,y_0^2$, und dabei ist dieser Ausdruck nicht Null, denn sonst wäre, wie man ohne weiteres sieht, $x_0 = y_0 = 0$. Für die Lösungen der ersten Gleichung von (14) hat man folgende Parameterdarstellung

$$(15)\qquad \left\{\begin{matrix} d\,(2ax_0^2 + by_0^2)\,y_0^2 = \alpha\beta\gamma & s = \alpha\delta\varepsilon\zeta^2 \\ v = \delta\varepsilon\zeta\varkappa\lambda & xy_0 + yx_0 = \beta\delta\varkappa^2 \\ & xy_0 - yx_0 = \gamma\varepsilon\lambda^2 \end{matrix}\right\}$$

mit den Parametern $\varkappa$, λ. Dies setzen wir in die erste Gleichung von (13) ein:

$$\alpha\delta\varepsilon\zeta^2\left(\frac{\beta\delta\varkappa^2 + \gamma\varepsilon\lambda^2}{2\,y_0}\right)^2 = x_0^2u^2 + d\,(a\,x_0^2 + b\,y_0^2)\,\delta^2\varepsilon^2\zeta^2\varkappa^2\lambda^2.$$

Auch von hier aus kommen wir auf die Gleichung

$$s\,(d s^2 x'^4 - 2\,b s x'^2 y'^2 + y'^4) = z'^2,$$

wenn wir nämlich

(16) $$u = \frac{\varepsilon z'}{2\,s\,x_0\,y_0\,\alpha\,\beta'}, \quad \varkappa = \frac{y'}{\alpha\,\beta\,\delta\,\zeta'}, \quad \lambda = \frac{x'}{\sqrt{d}\,y_0^2}$$

setzen. ($\sqrt{d}$ ist ja rational, weil $a x^2 + b x + c = 0$ wegen $z_0 = 0$ eine rationale Lösung hat.)

Wir haben also nun in jedem Falle gesehen, daß, *wenn eine Lösung von* (1) *bekannt ist, jede ihrer Lösungen auf eine Lösung einer der Gleichungen*

(17) $$s\,(d s^2 x'^4 - 2\,b s x'^2 y'^2 + y'^4) = z'^2$$

führt. Wie ein Blick auf das eben angegebene Verfahren lehrt, *liefert aber auch jede Lösung von* (17) *rückwärts eine Lösung von* (1).

Wir wenden nun das gleiche Verfahren auf die Gleichung (17) an. Der Koeffizient von $x'^2\,y'^2$ ist $-\,2\,b s^2$, die Diskriminante ist $16\,a c s^4$; jede Lösung von (17) führt also auf eine Lösung von

$$s'\,(16\,a c s^4\,s'^2\,x''^4 + 4\,b s^2\,s'\,x''^2\,y''^2 + y''^4) = z''^2,$$

und diese Gleichung ist nicht wesentlich verschieden von

(18) $$s'\,(a c s'^2\,x''^4 + b s'\,x''^2\,y''^2 + y''^4) = z''^2.$$

Unter diesen Gleichungen kommt die Ausgangsgleichung (1) vor; wir brauchen nur $s' = c$ zu setzen und erhalten so

$$a c^4\,x''^4 + b c^2\,x''^2\,y''^2 + c y''^4 = z''^2,$$

und diese Gleichung ist in der Tat nicht wesentlich von (1) verschieden.

Nun wenden wir dieses Verfahren wieder auf (18) an. Wir kommen dann auf die Gleichungen

$$s''\,(d s'^4\,s''^2\,x'''^4 - 2\,b s'^2\,s''\,x'''^2\,y'''^2 + y'''^4) = z'''^2,$$

die aber nicht wesentlich von den Gleichungen (17) verschieden sind. Der Kreis schließt sich also, und man könnte zunächst glauben, daß man sich wirklich nur im Kreise gedreht habe. Das ist aber nicht der Fall: Man kann nämlich zeigen, daß fast immer, d. h. bis auf endlich viele auszunehmende Lösungen, das Maximum der absoluten Beträge von x und y bei diesem Verfahren kleiner wird. Diese Ausnahmelösungen kann man wirklich angeben, wenn man nur je eine Lösung der lösbaren unter den Gleichungen (17) und (18) hat, von denen wir ja schon wissen, daß nur endlich viele verschiedene von ihnen lösbar sind. Geht man also von einer beliebigen Lösung einer der Gleichungen (17) oder (18) aus und wendet auf sie das Verfahren genügend oft an, so kommt man auf eine der Ausnahmelösungen. Damit ist dann *die*

Bestimmung aller Lösungen der Ausgangsgleichung darauf zurückgeführt zu untersuchen, welche der nach I *endlich vielen, möglicherweise lösbaren Gleichungen* (17) *und* (18) *wirklich lösbar sind, und eine Lösung einer jeden solchen Gleichung anzugeben*; denn wenn diese Lösungen bekannt sind, kann man die Ausnahmelösungen aufstellen und auf diese unser Verfahren rückwärts anwenden. Erhält man dabei keine neuen Lösungen von (17) und (18), so sind die Ausnahmelösungen bereits alle Lösungen. Treten jedoch neue Lösungen auf, so wende man auf diese wieder das Verfahren rückwärts an, und so fahre man immer weiter fort. Ich möchte jedoch darauf verzichten zu zeigen, wie man die Ausnahmelösungen bestimmen kann, weil später ein anderes Verfahren angegeben wird, das alle Lösungen der Ausgangsgleichung liefert, wenn man über die Lösbarkeit entscheiden kann, und das einen besseren Überblick über die Gesamtheit aller Lösungen gewährt.

III.

Verfolgen wir noch einmal den Weg, der von einer Lösung der Gleichung II (17) rückwärts zu einer Lösung der Ausgangsgleichung führt, so erkennen wir, daß es dabei gar nicht darauf ankommt, daß x', y', z' ganze Zahlen sind, sondern daß wir x', y', z' auch als Unbestimmte nehmen können, die durch die Gleichung II (17) miteinander verbunden sind. Dabei ist es jedoch zweckmäßiger, $\xi' = \frac{x'}{y'}$, $\eta' = \frac{z'}{y'^2}$ zu setzen und den nun durch

$$s\,(d s^2 \xi'^4 - 2\,b s \xi'^2 + 1) = \eta'^2 \tag{1}$$

definierten Funktionenkörper $\mathsf{P}\,(\xi', \eta')$ in Zusammenhang mit $\mathsf{P}\,(\xi, \eta)$ zu bringen. Wir haben dazu wieder die drei Fälle wie in II zu unterscheiden. Nehmen wir zunächst $x_0 y_0 z_0 \neq 0$. Nach II (9) ist dann

$$\xi' = \frac{x'}{y'} = \frac{\delta\lambda}{2 z_0 \beta \mu}, \quad \eta' = \frac{z'}{y'^2} = \frac{\alpha\beta\delta\varrho}{2\,x_0\,y_0 \cdot 4 z_0^2\,\beta^2\mu^2},$$

also $\mathsf{P}\,(\xi', \eta') = \mathsf{P}\left(\frac{\lambda}{\mu}, \frac{\varrho}{\mu^2}\right)$. Weiter ist nach II (7) und II (8)

$$\frac{\varkappa}{\nu} = \frac{(-s\,\delta\,\varepsilon + 4\,b\,x_0^2\,y_0^2\,\beta\gamma + 8\,c\,y_0^4\,\beta\gamma)\,\frac{\lambda}{\mu} \pm \frac{\varrho}{\mu^2}}{s\,\delta^2\left(\frac{\lambda}{\mu}\right)^2 - 4\,x_0^2\,y_0^2\,\beta^2},$$

also ist $\mathsf{P}\left(\frac{\lambda}{\mu}, \frac{\varrho}{\mu^2}\right) = \mathsf{P}\left(\frac{\lambda}{\mu}, \frac{\varkappa}{\nu}\right)$. Nach II (6) ist nun

$$\mathsf{P}\left(\frac{\lambda}{\mu}, \frac{\varkappa}{\nu}\right) = \mathsf{P}\left(\frac{v}{x\,y_0 - y\,x_0}, \frac{u}{x\,y_0 - y\,x_0}\right)$$
$$= \mathsf{P}\left(\frac{u\,v}{(x\,y_0 - y\,x_0)^2}, \frac{u}{x\,y_0 - y\,x_0}\right).$$

Nach II (4) ist weiter

$$s(x^2 y_0^2 - y^2 x_0^2) = 4 z_0^2 uv,$$

$$s\big(2 a x_0^2 x^2 + b(x_0^2 y^2 + y_0^2 x^2) + 2 c y_0^2 y^2 + 2 z_0 z\big) = 4 z_0^2 u^2,$$

also ist

$$\mathsf{P}\left(\frac{uv}{(x y_0 - y x_0)^2}, \frac{u}{x y_0 - y x_0}\right)$$

$$= \mathsf{P}\left(\frac{x y_0 + y x_0}{x y_0 - y x_0}, \frac{\sqrt{s(2 a x_0^2 x^2 + b(x_0^2 y^2 + y_0^2 x^2) + 2 c y_0^2 y^2 + 2 z_0 z)}}{x y_0 - y x_0}\right)$$

$$= \mathsf{P}\left(\xi, \frac{\sqrt{s(2 a \xi_0^2 \xi^2 + b(\xi_0^2 + \xi^2) + c + 2 \eta \eta_0)}}{\xi - \xi_0}\right)$$

und somit

$$\text{(2)} \qquad \mathsf{P}(\xi', \eta') = \mathsf{P}\big(\xi, \eta, \sqrt{s(2 a \xi_0^2 \xi^2 + b(\xi_0^2 + \xi^2) + 2 c + 2 \eta \eta_0)}\big).$$

Wir sehen also, daß $\mathsf{P}(\xi', \eta')$ ein Erweiterungskörper von $\mathsf{P}(\xi, \eta)$ ist, und zwar höchstens ein quadratischer. Dasselbe wollen wir nun auch noch für die beiden anderen Fälle beweisen. Sei also jetzt $y_0 = 0$. Hier ist nach II (12) und II (11)

$$\mathsf{P}(\xi', \eta') = \mathsf{P}\left(\frac{x'}{y'}, \frac{z'}{y'^2}\right) = \mathsf{P}\left(\frac{\lambda}{\varkappa}, \frac{x}{\varkappa^2}\right)$$

$$= \mathsf{P}\left(\frac{y}{u}, \frac{x}{u}\right) = \mathsf{P}\left(\xi, \frac{u}{x}\right).$$

Nun ist nach II (10)

$$s(2 a x_0^2 x^2 + b x_0^2 y^2 + 2 z_0 z) = 4 z_0^2 u^2,$$

also können wir auch hier wieder schreiben

$$\mathsf{P}(\xi', \eta') = \mathsf{P}\big(\xi, \eta, \sqrt{s(2 a \xi_0^2 \xi^2 + b \xi_0^2 + 2 \eta_0 \eta)}\big).$$

Schließlich ist im Falle $z_0 = 0$ nach II (16), II (15) und II (14)

$$\mathsf{P}(\xi', \eta') = \mathsf{P}\left(\frac{x'}{y'}, \frac{z'}{y'^2}\right) = \mathsf{P}\left(\frac{\lambda}{\varkappa}, \frac{u}{\varkappa^2}\right) = \mathsf{P}\left(\frac{v}{x_0 y + y_0 x}, \frac{u}{x_0 y + y_0 x}\right)$$

$$= \mathsf{P}\left(\frac{uv}{(x_0 y + y_0 x)^2}, \frac{u}{x_0 y + y_0 x}\right)$$

$$= \mathsf{P}\left(\frac{z}{(x_0 y + y_0 x)^2}, \frac{\sqrt{d(2 a x_0^2 + b y_0^2) s(x^2 y_0^2 - y^2 x_0^2)}}{x_0 y + y_0 x}\right)$$

$$= \mathsf{P}\left(\frac{\eta}{(\xi + \xi_0)^2}, \sqrt{d(2 a x_0^2 + b y_0^2) s \frac{\xi - \xi_0}{\xi + \xi_0}}\right)$$

$$= \mathsf{P}\left(\xi, \eta, \sqrt{d(2 a \xi_0^2 + b) s \frac{\xi - \xi_0}{\xi + \xi_0}}\right).$$

Wir wollen nun noch zeigen, daß es sich in allen drei Fällen um Erweiterungen genau vom Grad 2 handelt. Wäre das nicht der Fall, so wäre bei $x_0 y_0 z_0 \neq 0$ nach (2)

$$\zeta = \frac{s(2a\xi_0^2\xi^2 + b(\xi_0^2 + \xi^2) + 2c + 2\eta_0\eta)}{(\xi + \xi_0)^2}$$

das Quadrat eines Elementes aus $\mathsf{P}(\xi, \eta)$. ζ verhält sich bei $\xi = \infty$ regulär, wie man erkennt, wenn man Zähler und Nenner durch ξ^2 dividiert und dann ξ gegen ∞ gehen läßt. Daher ist $\zeta \cong \frac{\mathfrak{a}}{\mathfrak{p}_0^2 \mathfrak{p}_0'^2}$, wobei $\mathfrak{p}_0$ und $\mathfrak{p}_0'$ die beiden in $\xi + \xi_0$ aufgehenden Primdivisoren sind und $\mathfrak{a}$ ein ganzer Divisor ist. — Es ist

$$\frac{\zeta}{s}(\xi + \xi_0)^2 = 2a\xi_0^2\xi^2 + b(\xi_0^2 + \xi^2) + 2c + 2\eta_0\eta$$
$$= -a(\xi^2 - \xi_0^2)^2 + (\eta + \eta_0)^2.$$

Ist daher $\mathfrak{p}_0'$ der Primdivisor $-\xi_0, -\eta_0$, so folgt jetzt

$$\frac{\zeta}{s}(\xi + \xi_0)^2 \equiv 0 \pmod{\mathfrak{p}_0'^2},$$

also $\zeta \cong \frac{\mathfrak{b}}{\mathfrak{p}_0^2}$ mit ganzem Divisor $\mathfrak{b}$. Wäre daher $\zeta = \vartheta^2$ mit $\vartheta \subset \mathsf{P}(\xi, \eta)$, so enthielte $\mathsf{P}(\xi, \eta)$ ein Element ϑ, das nur eine Nullstelle hat, und wäre daher vom Geschlecht 0, was nicht der Fall ist. — In ganz ähnlicher Weise zeigt man auch bei $x_0 y_0 z_0 = 0$, daß $\mathsf{P}(\xi', \eta')$ ein quadratischer Erweiterungskörper von $\mathsf{P}(\xi, \eta)$ ist. — Übrigens kann man genau, wie $\mathfrak{p}_0'^2 \mid \mathfrak{a}$ bewiesen wurde, zeigen, daß $\mathfrak{b} = \mathfrak{q}_0^2$, wobei $\mathfrak{q}_0$ der Primdivisor $\xi_0, -\eta_0$ ist. Daher ist $\zeta \cong \frac{\mathfrak{q}_0^2}{\mathfrak{p}_0^2}$, und daraus folgt wegen $\mathsf{P}(\xi', \eta') = \mathsf{P}(\xi, \eta, \sqrt{\zeta})$ nach dem Dedekindschen Diskriminantensatz, daß $\mathsf{P}(\xi', \eta')$ unverzweigt über $\mathsf{P}(\xi, \eta)$ ist, d. h. die Relativdiskriminante 1 hat. Entsprechende Betrachtungen gelten natürlich auch wieder bei $x_0 y_0 z_0 = 0$.

Das in II *dargestellte Verfahren bedeutet also für den durch*

$$a\xi^4 + b\xi^2 + c = \eta^2$$

definierten Funktionenkörper $\mathsf{P}(\xi, \eta)$ *im Falle der Lösbarkeit, d. h. im Falle der Existenz mindestens eines Primdivisors ersten Grades, die Einbettung in einen unverzweigten quadratischen, durch* (1) *erzeugbaren Erweiterungskörper* $\mathsf{P}(\xi', \eta')$, *der ebenfalls mindestens einen Primdivisor ersten Grades besitzt.*

Da das oben definierte Element ζ von $\mathsf{P}(\xi, \eta)$ vom Grade 2 ist, d. h. zwei Nullstellen und zwei Pole besitzt, ist $\mathsf{P}(\xi, \eta)$ vom Grad 2 über $\mathsf{P}(\zeta)$. Es muß daher in $\mathsf{P}(\xi, \eta)$ ein Element ω geben, für das ω^2 ein Polynom in ζ ist, und zwar ein Polynom vom Grad 3 oder 4, weil $\mathsf{P}(\xi, \eta)$ vom Geschlecht 1 ist. Man könnte nun, um dieses Polynom zu finden, die Bedingungen für seine Koeffizienten aufstellen, die dieses Polynom ein Quadrat in $\mathsf{P}(\xi, \eta)$ werden lassen. Dieser Weg ist aber recht mühsam, einfacher kommt man folgendermaßen zum Ziel: Zunächst der Fall $x_0\, y_0\, z_0 \neq 0$. Hier ist

$$\eta'^2 = s\,(d s^2\, \xi'^4 - 2\, b s\, \xi'^2 + 1),$$

und nach II (9) und II (6)

$$\xi'^2 = \frac{x'^2}{y'^2} = \frac{\delta^2 \lambda^2}{4 z_0^2 \beta^2 \mu^2} = \frac{(x\, y_0 + y\, x_0)^2}{4 z_0^2\, u^2}$$

$$= \frac{(x\, y_0 + y\, x_0)^2}{s\,(2\, a\, x_0^2\, x^2 + b\,(x_0^2\, y^2 + y_0^2\, x^2) + 2\, c\, y_0^2\, y^2 + 2\, z_0\, z)} = \frac{1}{\zeta},$$

also

$$\eta'^2 = s\left(d\, s^2 \cdot \frac{1}{\zeta^2} - 2\, b\, s \cdot \frac{1}{\zeta} + 1\right).$$

Es ist nun $\mathsf{P}\,(\xi', \eta') = \mathsf{P}\,(\xi, \eta, \sqrt{\zeta}) \supseteqq \mathsf{P}\,(\xi, \eta, \eta')$. Weil weiter η'^2 in $\mathsf{P}\,(\xi, \eta)$ liegt, so folgt, daß entweder $\eta'^2 \underset{(2)}{=} 1$ oder $\eta'^2 \underset{(2)}{=} \zeta$ in $\mathsf{P}\,(\xi, \eta)$ ist. Im ersten Falle wäre $\eta'^2 = \vartheta^2$ mit $\vartheta \subset \mathsf{P}\,(\xi, \eta)$, also

$$\vartheta^2 = s\left(d\, s^2 \frac{1}{\zeta^2} - 2\, b\, s \cdot \frac{1}{\zeta} + 1\right),$$

und daraus würde $\mathsf{P}\,(\vartheta, \zeta) = \mathsf{P}\,(\xi, \eta)$ folgen, weil $\mathsf{P}\,(\xi, \eta)$ vom Grad 2 über $\mathsf{P}\,(\zeta)$ ist und ϑ nicht in $\mathsf{P}\,(\zeta)$ liegt. $\mathsf{P}\,(\vartheta, \zeta)$ hat aber das Geschlecht 0. Daher bleibt nur die Möglichkeit $\eta'^2 \underset{(2)}{=} \zeta$ in $\mathsf{P}\,(\xi, \eta)$; das heißt aber, es ist

(3) $$s\, \zeta\, (d\, s^2 - 2\, b\, s\, \zeta + \zeta^2) = \omega^2$$

und

$$\mathsf{P}\,(\xi, \eta) = \mathsf{P}\,(\zeta, \omega),$$

und das bedeutet, daß ξ, η und ζ, ω sich birational mit rationalen Koeffizienten ineinander transformieren lassen. Wir wollen dafür auch sagen, die Gleichungen, die ξ mit η und ζ mit ω verbinden, lassen sich birational ineinander transformieren. Zum gleichen Ergebnis, insbesondere zu derselben Gleichung (3) kommt man bei $x_0\, y_0\, z_0 = 0$. — Wir können nun leicht entscheiden, welche Gleichungen

$$a'\, \xi'^4 + b'\, \xi'^2 + c' = \eta'^2$$

birational äquivalent sind der als lösbar vorausgesetzten Gleichung:

Satz 1. *Die der lösbaren Gleichung*

$$a\, \xi^4 + b\, \xi^2 + c = \eta^2$$

birational äquivalenten Gleichungen der hier betrachteten Art sind, falls $a\,c$ *keine Quadratzahl ist, die lösbaren unter den Gleichungen*

$$r\,(a\, r^2\, \xi'^4 + b\, r\, \xi'^2 + c) = \eta'^2.$$

Ist dagegen ac eine Quadratzahl, so kommen zu diesen Gleichungen noch die lösbaren unter den folgenden Gleichungen hinzu:

$$r^3 (2\sqrt{ac} + b)\xi'^4 + 2r^2 (6\sqrt{ac} - b)\xi'^2 + r(2\sqrt{ac} + b) = \eta'^2,$$
$$r^3 (-2\sqrt{ac} + b)\xi'^4 + 2r^2 (-6\sqrt{ac} - b)\xi'^2 + r(-2\sqrt{ac} + b) = \eta'^2.$$

Beweis. Die gegebene Gleichung ist birational äquivalent mit

$$s\zeta (ds^2 - 2bs\zeta + \zeta^2) = \omega^2.$$

Setzen wir

$$\zeta = 4s\left(\tilde{\zeta} + \frac{b}{6}\right), \quad \omega = 4s^2\tilde{\omega},$$

so geht diese Gleichung über in ihre Weierstraßsche Normalform

$$\tilde{\omega}^2 = 4\tilde{\zeta}^3 - g_2\tilde{\zeta} - g_3$$

mit

$$g_2 = ac + \frac{b^2}{12}, \quad g_3 = \frac{abc}{6} - \frac{b^3}{216}.$$

Da die gesuchten Gleichungen

$$a'\xi'^4 + b'\xi'^2 + c' = \eta'^2$$

birational äquivalent der gegebenen sein sollen, müssen sie auch lösbar sein und lassen sich daher birational auf die Form

$$\omega'^2 = 4\zeta'^3 - g_2'\zeta' - g_3'$$

mit

$$g_2' = a'c' + \frac{b'^2}{12}, \quad g_3' = \frac{a'b'c'}{6} - \frac{b'^3}{216}$$

bringen. Nun sind diese beiden Normalformen dann und nur dann birational äquivalent, wenn

$$g_2' = k^4 g_2, \quad g_3' = k^6 g_3 \qquad (k \text{ rational}, \neq 0)$$

ist. a', b', c' müssen daher den Gleichungen genügen

$$\begin{cases} a'c' + \dfrac{b'^2}{12} = k^4\left(ac + \dfrac{b^2}{12}\right), \\ \dfrac{a'b'c'}{6} - \dfrac{b'^3}{216} = k^6\left(\dfrac{abc}{6} - \dfrac{b^3}{216}\right). \end{cases}$$

Elimination von $a'c'$ gibt

$$b'^3 - b'k^4\left(9ac + \frac{3b^2}{4}\right) + k^6\left(9abc - \frac{b^3}{4}\right) = 0.$$

Dies können wir als Gleichung für $\frac{b'}{k^2}$ nehmen. Eine Lösung dieser Gleichung ist $\frac{b'}{k^2} = b$; denn die Ausgangsgleichung ist sich selbst birational äquivalent. Die beiden anderen Lösungen berechnet man nun leicht zu

$$\frac{b'}{k^2} = \pm 3\sqrt{ac} - \frac{b}{2},$$

und diese Lösungen sind dann und nur dann rational, wenn ac eine Quadratzahl ist. Für die erste Lösung ergibt sich nun

$$b' = b k^2, \quad a' c' = a c k^4,$$

also etwa

$$a' = t a k^2, \quad c' = \frac{c}{t} k^2,$$

und für die zweite und dritte Lösung

$$b' = \left(\pm 3\sqrt{ac} - \frac{b}{2}\right) k^2, \quad a' c' = \frac{k^4}{16} (\pm 2\sqrt{ac} + b)^2,$$

also etwa

$$a' = t \frac{k^2}{4} (\pm 2\sqrt{ac} + b), \qquad c' = \frac{k^2}{4t} (\pm 2\sqrt{ac} + b).$$

Die zugehörigen Gleichungen stimmen nun aber im wesentlichen mit den in der Behauptung angeführten überein.

Satz 1 sagt insbesondere aus, daß *die lösbaren unter den Gleichungen*

(4) $$r (a r^2 \xi^4 + b r \xi^2 + c) = \eta^2$$

(wobei also wie immer a, b, c fest sind und r Parameter ist) *untereinander birational äquivalent sind.* Eine dieser Gleichungen ist

$$c (a c^2 \xi^4 + b c \xi^2 + c) = \eta^2$$

mit der Lösung $\xi = 0$, $\eta = c$, die im wesentlichen mit

(5) $$a c \xi^4 + b \xi^2 + 1 = \eta^2$$

übereinstimmt. Umgekehrt ist natürlich jede der Gleichungen (4), die mit (5) birational äquivalent ist, lösbar. Damit haben wir also erkannt, daß *die Frage nach den lösbaren unter den Gleichungen* (4) *völlig gleichbedeutend mit der Frage nach den der Gleichung* (5) *birational äquivalenten unter den Gleichungen* (4) *ist.*

Wir haben oben gesehen, daß das in II dargestellte Verfahren für $\mathsf{P}(\xi, \eta)$ die Einbettung in einen unverzweigten quadratischen Erweiterungskörper $\mathsf{P}(\xi', \eta')$ bedeutet, falls $\mathsf{P}(\xi, \eta)$ einen Primdivisor ersten Grades besitzt. Definierende Gleichungen der beiden Körper sind

$$a \xi^4 + b \xi^2 + c = \eta^2$$

und

$$s (d s^2 \xi'^4 - 2 b s \xi'^2 + 1) = \eta'^2,$$

und $\mathsf{P}(\xi', \eta')$ besitzt ebenfalls einen Primdivisor ersten Grades. Wir können daher $\mathsf{P}(\xi', \eta')$ seinerseits wieder in einen unverzweigten quadratischen Erweiterungskörper $\mathsf{P}(\xi'', \eta'')$ einbetten mit der definierenden Gleichung

$$s' (a c s'^2 \xi''^4 + b s' \xi''^2 + 1) = \eta''^2$$

(vgl. den Übergang von II (17) zu II (18)). Ersetzen wir s' durch cs' und ξ'' durch $\frac{\xi''}{c}$, so geht die definierende Gleichung über in

$$s'(as'^2\,\xi''^4 + bs'\,\xi''^2 + c) = \eta''^2,$$

und diese Gleichung können wir nach Satz 1 birational in

$$a\,\xi'''^4 + b\,\xi'''^2 + c = \eta'''^2$$

überführen. *Damit haben wir also* $\mathsf{P}(\xi, \eta)$ *in einen isomorphen Körper* $\mathsf{P}(\xi''', \eta''')$ *eingebettet, der unverzweigt und vom Grad* 4 *über* $\mathsf{P}(\xi, \eta)$ *ist*; das ist ein Meromorphismus der Norm 4. In der Sprache der elliptischen Funktionen haben wir den Übergang vom ursprünglichen Periodengitter zu dem vor uns, das man durch Verdoppelung aller Perioden erhält.

IV.

In $\mathsf{P}(\xi, \eta)$ definieren wir in bekannter Weise eine *Addition der Primdivisoren*: $\mathfrak{o}$ sei ein fester Primdivisor ersten Grades, C eine Divisorenklasse des Grades 0. Es gibt dann nach dem Riemann-Rochschen Satz genau einen Primdivisor $\mathfrak{p}$ ersten Grades, so daß $\frac{\mathfrak{p}}{\mathfrak{o}}$ zu C gehört. Ist nun $C_1 C_2 = C_3$ und gehört in diesem Sinne $\mathfrak{p}_i$ zu C_i, so setzt man $\mathfrak{p}_1 + \mathfrak{p}_2 = \mathfrak{p}_3$. Damit ist also je zwei Lösungen der erzeugenden Gleichung

$$a\,\xi^4 + b\,\xi^2 + c = \eta^2$$

eine dritte Lösung als Summe zugeordnet, und die Lösungen bilden bei dieser Summendefinition einen Modul. Um nun den Zusammenhang zwischen zwei Lösungen und ihrer Summe möglichst einfach darstellen zu können, berücksichtigen wir, daß die erzeugende Gleichung birational in die Gleichung

$$\xi^4 + b\,\xi^2 + ac = \eta^2$$

transformiert werden kann; sie ist nämlich birational äquivalent mit allen lösbaren Gleichungen

$$r\,(ar^2\,\xi^4 + br\,\xi^2 + c) = \eta^2,$$

und hier brauchen wir nur noch $r = a$ zu nehmen und ξ durch $\frac{\xi}{a}$ zu ersetzen. $\mathsf{P}(\xi, \eta)$ denken wir uns also nun von vornherein durch

(1) $$\xi^4 + b\,\xi^2 + c = \eta^2$$

erzeugt. Entwickeln wir η nach fallenden Potenzen von ξ, so erhalten wir die beiden Zweige

(2) $$\begin{cases} \eta = \xi^2\left(1 + \frac{b}{2}\,\xi^{-2} + \ldots\right), \\ \eta = -\,\xi^2\left(1 + \frac{b}{2}\,\xi^{-2} + \ldots\right). \end{cases}$$

Als Bezugsprimdivisor $\mathfrak{o}$ nehmen wir den im Nenner von ξ aufgehenden Primdivisor, der zur ersten Potenzreihe gehört. Den anderen, zur zweiten Potenzreihe gehörigen, nennen wir $\mathfrak{o}'$. $\mathfrak{o}$ und $\mathfrak{o}'$ sind bezüglich $\mathsf{P}(\xi)$ konjugiert, und ganz allgemein bezeichnen wir den Übergang zum konjugierten bezüglich $\mathsf{P}(\xi)$ durch Hinzufügung eines ,,'“.

Was bedeutet nun $\mathfrak{p}_1 + \mathfrak{p}_2 = \mathfrak{p}_3$ für die zu den $\mathfrak{p}_i$ gehörigen Lösungen $\xi = \xi_i$, $\eta = \eta_i$? Nach Definition ist

$$\frac{\mathfrak{p}_1}{\mathfrak{o}} \frac{\mathfrak{p}_2}{\mathfrak{o}} \sim \frac{\mathfrak{p}_3}{\mathfrak{o}},$$

und daraus folgt

$$\frac{\mathfrak{p}_1 \mathfrak{p}_2 \mathfrak{p}_3'}{\mathfrak{o}} \sim \mathfrak{p}_3 \mathfrak{p}_3'.$$

Nun ist $\mathfrak{p}_3 \mathfrak{p}_3'$ ein rationaler Divisor 1. Grades, d. h. ein Divisor 1. Grades von $\mathsf{P}(\xi)$. In $\mathsf{P}(\xi)$ sind aber alle Divisoren 1. Grades miteinander äquivalent, also ist z. B. auch

$$\mathfrak{p}_3 \mathfrak{p}_3' \sim \mathfrak{o}\, \mathfrak{o}',$$

und das gibt

$$\frac{\mathfrak{p}_1 \mathfrak{p}_2 \mathfrak{p}_3'}{\mathfrak{o}^2 \mathfrak{o}'} \sim 1,$$

oder auch, indem wir zur konjugierten Äquivalenz übergehen,

$$\frac{\mathfrak{p}_1' \mathfrak{p}_2' \mathfrak{p}_3}{\mathfrak{o}\, \mathfrak{o}'^2} \sim 1.$$

Wir haben also bei gegebenen $\mathfrak{p}_1, \mathfrak{p}_2$ ein Element des Körpers $\mathsf{P}(\xi, \eta)$ anzugeben, das ein Multiplum von $\frac{1}{\mathfrak{o}\,\mathfrak{o}'^2}$ ist, d. h. das den Divisor $\frac{\mathfrak{a}}{\mathfrak{o}\,\mathfrak{o}'^2}$ mit ganzem $\mathfrak{a}$ besitzt, und wobei $\mathfrak{p}_1' \mathfrak{p}_2'$ in $\mathfrak{a}$ aufgeht. Dann ist $\mathfrak{p}_3 = \frac{\mathfrak{a}}{\mathfrak{p}_1' \mathfrak{p}_2'}$. Nach dem Riemann-Rochschen Satz bilden die Multipla von $\frac{1}{\mathfrak{o}\,\mathfrak{o}'^2}$ einen P-Modul vom Rang 3, d. h. man kann jedes Multiplum als Linearkombination dreier fester unter ihnen mit rationalen Koeffizienten darstellen. Eine solche Basis ist z. B. $1, \xi, \eta - \xi^2$; denn 1 hat den Nenner 1, ξ hat den Nenner $\mathfrak{o}\,\mathfrak{o}'$, der von ξ^2 ist $\mathfrak{o}^2 \mathfrak{o}'^2$, also ist $\mathfrak{o}^4 \mathfrak{o}'^4$ der Nenner von ξ^4 und damit nach (1) auch von η^2, so daß η den Nenner $\mathfrak{o}^2 \mathfrak{o}'^2$ hat. Daher ist zunächst $\eta - \xi^2 \cong \frac{\mathfrak{c}}{\mathfrak{o}^2 \mathfrak{o}'^2}$, wobei $\mathfrak{c}$ ein ganzer Divisor vom Grad 4 ist. Andererseits geht aber $\mathfrak{o}$ nicht im Nenner von $\eta - \xi^2$ auf; denn nach (2) besitzt $\eta - \xi^2$ eine reguläre Potenzreihenentwicklung nach dem Primelement ξ^{-1} von $\mathfrak{o}$. Also hat $\eta - \xi^2$ höchstens den Nenner $\mathfrak{o}'^2$, und somit sind in der Tat $1, \xi, \eta - \xi^2$ lauter Multipla von $\frac{1}{\mathfrak{o}\,\mathfrak{o}'^2}$, und da sie offenbar linear unabhängig sind, bilden sie eine Basis aller Multipla von $\frac{1}{\mathfrak{o}\,\mathfrak{o}'^2}$.

Wir erledigen zunächst die Sonderfälle. Ist etwa $\mathfrak{p}_1 = \mathfrak{o}$, so sind wir fertig; denn es ist $\mathfrak{o} + \mathfrak{p} = \mathfrak{p}$. Es sei nun $\mathfrak{p}_1 = \mathfrak{p}_2 = \mathfrak{o}'$. Für $\mathfrak{p}_3$ gilt dann

$$\frac{\mathfrak{o}\,\mathfrak{p}_3}{\mathfrak{o}'^2} \sim 1.$$

Nun hat, wie wir schon sahen, $\eta - \xi^2$ höchstens den Nenner $\mathfrak{o}'^2$, also gilt dasselbe für $\eta - \xi^2 - \frac{b}{2}$. Der Nenner kann aber nicht vom Grad 1 sein, weil ja sonst $\mathsf{P}(\xi, \eta)$ vom Geschlecht 0 wäre; also ist er genau $\mathfrak{o}'^2$. Nach (2) hat $\eta - \xi^2 - \frac{b}{2}$ für $\mathfrak{o}$ eine frühestens mit ξ^{-2} beginnende Potenzreihenentwicklung, also geht $\mathfrak{o}^2$ im Zähler von $\eta - \xi^2 - \frac{b}{2}$ auf, und daraus folgt nun, weil dieser Zähler vom gleichen Grade wie der Nenner ist,

$$\eta - \xi^2 - \frac{b}{2} \simeq \frac{\mathfrak{o}^2}{\mathfrak{o}'^2},$$

also $\frac{\mathfrak{o}^2}{\mathfrak{o}'^2} \sim 1$. Vergleichen wir das mit $\frac{\mathfrak{o}\,\mathfrak{p}_3}{\mathfrak{o}'^2} \sim 1$, so erhalten wir $\mathfrak{p}_3 = \mathfrak{o}$, also

$$2\,\mathfrak{o}' = \mathfrak{o}' + \mathfrak{o}' = \mathfrak{o}.$$

Der nächste Sonderfall ist: $\mathfrak{p}_1$ von $\mathfrak{o}$ und $\mathfrak{o}'$ verschieden und $\mathfrak{p}_2 = \mathfrak{o}'$. Für $\mathfrak{p}_3$ haben wir dann

$$\frac{\mathfrak{p}_1'\,\mathfrak{p}_3}{\mathfrak{o}'^2} \sim 1,$$

und jedes Multiplum von $\frac{1}{\mathfrak{o}'^2}$ hat die Form

$$\vartheta = k + l\,(\xi^2 - \eta)$$

mit rationalen k, l. Nun soll sein

$$k + l\,(\xi_1^2 + \eta_1) = 0,$$

also ist

$$\vartheta = l\,(-\,\xi_1^2 - \eta_1 + \xi^2 - \eta).$$

Die beiden Nullstellen von ϑ sind $\xi = \pm\,\xi_1$, $\eta = -\,\eta_1$, also gehört

$$\mathfrak{p}_3 = \mathfrak{p}_1 + \mathfrak{o}'$$

zu $-\,\xi_1, -\,\eta_1$. Gehen wir von ξ, η zu x, y, z zurück, so können wir das auch so ausdrücken

(3) $$x_3 = -\,x_1, \quad y_3 = y_1, \quad z_3 = -\,z_1,$$

und in dieser Gestalt gilt die Formel offenbar auch noch, wenn $\mathfrak{p}_1 = \mathfrak{o}$ oder $\mathfrak{o}'$ ist.

Nun seien $\mathfrak{p}_1$ und $\mathfrak{p}_2$ von $\mathfrak{o}$ und $\mathfrak{o}'$ verschieden, aber es sei $\mathfrak{p}_1 = \mathfrak{p}_2'$. Dann muß sein

$$\frac{\mathfrak{p}_2\,\mathfrak{p}_2'\,\mathfrak{p}_3}{\mathfrak{o}\,\mathfrak{o}'^2} \sim 1.$$

Nun ist aber, wie schon erwähnt, $\mathfrak{p}_2\mathfrak{p}_2' \sim \mathfrak{o}\mathfrak{o}'$, also $\mathfrak{p}_3 = \mathfrak{o}'$, d. h.:

$$\mathfrak{p} + \mathfrak{p}' = \mathfrak{o}'.$$

Jetzt seien $\mathfrak{p}_1$ und $\mathfrak{p}_2$ gleich, aber wieder von $\mathfrak{o}$ und $\mathfrak{o}'$ verschieden. Dann muß sein

$$\frac{\mathfrak{p}_1'^2\,\mathfrak{p}_3}{\mathfrak{o}\,\mathfrak{o}'^2} \sim 1,$$

das heißt, der Nenner von

$$\vartheta = k + l\xi + m(\xi^2 - \eta)$$

ist durch $\mathfrak{p}_1'^2$ teilbar. Nun ist $\tau = \xi - \xi_1$ Primelement für $\mathfrak{p}_1$ und $\mathfrak{p}_1'$, außer wenn $\eta_1 = 0$ ist. Setzen wir $\xi = \tau + \xi_1$ in (1) ein, so erhalten wir

$$\begin{aligned}\eta^2 &= c + b\xi_1^2 + 2b\xi_1\tau + \xi_1^4 + 4\xi_1^3\tau + \tau^2(\ldots)\\ &= \eta_1^2 + 2(b\xi_1 + 2\xi_1^3)\tau + \ldots,\end{aligned}$$

also

$$\eta = \pm\left(\eta_1 + \frac{b\xi_1 + 2\xi_1^3}{\eta_1}\tau + \ldots\right),$$

und daraus folgt, weil $\eta \equiv -\eta_1 \pmod{\mathfrak{p}_1'}$ ist, für $\mathfrak{p}_1'$

$$\eta = -\eta_1 - \frac{b\xi_1 + 2\xi_1^3}{\eta_1}\tau + \ldots.$$

Danach lautet die Entwicklung von ϑ:

$$\vartheta = k + l\xi_1 + l\tau + m\xi_1^2 + 2m\xi_1\tau + m\eta_1 + m\frac{b\xi_1}{\eta_1}\tau + 2m\frac{\xi_1^3}{\eta_1}\tau + \ldots.$$

Nun wird verlangt $\vartheta \equiv 0 \pmod{\mathfrak{p}_1'^2}$, also

$$\begin{cases} k + l\xi_1 + m\xi_1^2 + m\eta_1 = 0,\\ l + 2m\xi_1 + m\dfrac{b\xi_1}{\eta_1} + 2m\dfrac{\xi_1^3}{\eta_1} = 0.\end{cases}$$

Das gibt

$$\begin{cases} l = m\left(-2\xi_1 - \dfrac{b\xi_1}{\eta_1} - \dfrac{2\xi_1^3}{\eta_1}\right),\\ k = m\left(\xi_1^2 + \dfrac{b\xi_1^2}{\eta_1} + \dfrac{2\xi_1^4}{\eta_1} - \eta_1\right).\end{cases}$$

$\mathfrak{p}_3$ ist der dritte im Nenner von ϑ aufgehende Primdivisor, also ist

$$\eta_3 = \xi_3^2 + \frac{l}{m}\xi_3 + \frac{k}{m}.$$

Setzen wir das in (1) ein, so erhalten wir

$$\xi_3^4 + b\xi_3^2 + c = \xi_3^4 + \frac{l^2}{m^2}\xi_3^2 + \frac{k^2}{m^2} + \frac{2l}{m}\xi_3^3 + \frac{2k}{m}\xi_3^2 + \frac{2kl}{m^2}\xi_3,$$

also

$$\frac{2l}{m}\xi_3^3 + \left(\frac{l^2}{m^2} + \frac{2k}{m} - b\right)\xi_3^2 + \frac{2kl}{m^2}\xi_3 + \frac{k^2 - cm^2}{m^2} = 0.$$

Das ist eine kubische Gleichung für ξ_3; weil aber $\mathfrak{p}_1'^2\,\mathfrak{p}_3$ im Nenner von ϑ aufgeht, sind ξ_1, doppelt gezählt, und ξ_3 ihre Lösungen, also, wenn auch noch $\xi_1 \neq 0$,

$$\xi_3 = \frac{c\,m^2 - k^2}{m \cdot 2l\,\xi_1^2} = \frac{c - \left(\xi_1^2 + \frac{b\,\xi_1^2}{\eta_1} + \frac{2\,\xi_1^4}{\eta_1} - \eta_1\right)^2}{-2\,\xi_1^2\left(2\,\xi_1 + b\,\frac{\xi_1}{\eta_1} + \frac{2\,\xi_1^3}{\eta_1}\right)}.$$

Eine einfache Rechnung ergibt nun

$$\begin{cases} \xi_3 = \dfrac{\xi_1^4 - c}{2\,\xi_1\,\eta_1}, \\ \eta_3 = \dfrac{\eta_1^4 - d\,\xi_1^4}{4\,\xi_1^2\,\eta_1^2}. \end{cases}$$

Diese Gleichungen können wir auch so schreiben:

$$(4)\qquad \begin{cases} x_3 = x_1^4 - c\,y_1^4, \\ y_3 = 2\,x_1\,y_1\,z_1, \\ z_3 = z_1^4 - d\,x_1^4\,y_1^4 \end{cases}$$

mit $\frac{x_i}{y_i} = \xi_i$, $\frac{z_i}{y_i^2} = \eta_i$. In dieser Form gelten sie, wie man sich leicht überzeugt, auch für die bisher ausgeschlossenen Fälle mit $x_1\,y_1\,z_1 = 0$. Die Gleichungen (4) liefern also stets die „Verdoppelung" $\mathfrak{p}_3 = \mathfrak{p}_1 + \mathfrak{p}_1 = 2\,\mathfrak{p}_1$ für jede Lösung $\mathfrak{p}_1$.

Schließlich kommen wir zum allgemeinen Fall, wo $\mathfrak{p}_1$ und $\mathfrak{p}_2$ voneinander und von $\mathfrak{o}$ und $\mathfrak{o}'$ verschieden und nicht konjugiert sind. Setzen wir wieder

$$\vartheta = k + l\xi + m\,(\xi^2 - \eta),$$

so haben wir k, l, m so zu bestimmen, daß $\mathfrak{p}_1'$ und $\mathfrak{p}_2'$ Nullstellen von ϑ sind, daß also

$$(5)\qquad \begin{cases} k + l\xi_1 + m\,(\xi_1^2 + \eta_1) = 0, \\ k + l\xi_2 + m\,(\xi_2^2 + \eta_2) = 0. \end{cases}$$

Dabei ist $m \neq 0$; denn sonst wäre $\xi_1 = \xi_2$, also $\mathfrak{p}_1 = \mathfrak{p}_2$ oder $\mathfrak{p}_2'$. Die dritte Nullstelle von ϑ ist dann $\mathfrak{p}_3$, also

$$k + l\xi_3 + m\,(\xi_3^2 - \eta_3) = 0.$$

Setzen wir den hieraus sich ergebenden Wert

$$(6)\qquad \eta_3 = \xi_3^2 + \frac{l}{m}\,\xi_3 + \frac{k}{m}$$

in (1) ein, so erhalten wir

$$\xi_3^4 + b\,\xi_3^2 + c = \xi_3^4 + \frac{l^2}{m^2}\,\xi_3^2 + \frac{k^2}{m^2} + \frac{2\,l}{m}\,\xi_3^3 + \frac{2\,k}{m}\,\xi_3^2 + \frac{2\,k\,l}{m^2}\,\xi_3,$$

also

$$\xi_3^3 \cdot \frac{2\,l}{m} + \xi_3^2\left(\frac{l^2}{m^2} + \frac{2\,k}{m} - b\right) + \xi_3 \cdot \frac{2\,l\,k}{m^2} + \frac{k^2 - c\,m^2}{m^2} = 0.$$

Das ist wieder eine kubische Gleichung für ξ_3. Zwei ihrer Wurzeln sind ξ_1 und ξ_2, weil der Nenner von ϑ durch $\mathfrak{p}_1' \mathfrak{p}_2'$ teilbar ist, und daher ist ξ_3 die dritte Wurzel:

$$\xi_3 = \frac{-k^2 + c\, m^2}{2\, l\, m\, \xi_1 \xi_2}.$$

Nun genügen k, l, m den Gleichungen (5); eine Lösung davon ist

$$\begin{cases} k = \xi_1 \xi_2^2 - \xi_2 \xi_1^2 + \xi_1 \eta_2 - \xi_2 \eta_1, \\ l = \xi_1^2 - \xi_2^2 + \eta_1 - \eta_2, \\ m = \xi_2 - \xi_1. \end{cases}$$

Nach einfacher Rechnung erhält man jetzt

$$\xi_3 = \frac{(\xi_1^2 - \xi_1 \xi_2 + \eta_1)(\xi_2^2 - \xi_1 \xi_2 + \eta_2) - \xi_1^2 \xi_2^2 - b\, \xi_1 \xi_2 - c}{(\xi_2 - \xi_1)(\xi_1^2 - \xi_2^2 + \eta_1 - \eta_2)}.$$

Wir gehen wieder zu x, y, z zurück:

$$(7)\quad \begin{cases} x_3 = (x_1^2 y_2 - x_1 x_2 y_1 + y_2 z_1)(x_2^2 y_1 - x_1 x_2 y_2 + y_1 z_2) - y_1 y_2 (x_1^2 x_2^2 \\ \qquad\qquad + b\, x_1 x_2 y_1 y_2 + c\, y_1^2 y_2^2), \\ y_3 = (x_2 y_1 - x_1 y_2)(x_1^2 y_2^2 - x_2^2 y_1^2 + y_2^2 z_1 - y_1^2 z_2). \end{cases}$$

Man könnte nun $z_3 = \eta_3 y_3^2$ nach (6) berechnen, was aber etwas mühsam ist. Für später brauchen wir nur den Ausdruck für $z_3 - x_3^2$, und dieser ergibt sich nach einfacher Rechnung zu

$$(8)\quad z_3 - x_3^2 = (x_1^2 y_2^2 - x_2^2 y_1^2 + y_2^2 z_1 - y_1^2 z_2)^2 (- x_1^2 x_2^2 - b\, x_1 x_2 y_1 y_2 \\ - c\, y_1^2 y_2^2 + z_1 z_2).$$

Bei der Ableitung dieser Formeln hatten wir vorausgesetzt, daß $\mathfrak{p}_1$ und $\mathfrak{p}_2$ voneinander und von $\mathfrak{o}$ und $\mathfrak{o}'$ verschieden und nicht konjugiert sind. Wie man sich aber nachträglich leicht überzeugt, gelten die Formeln auch noch, wenn nur $\mathfrak{p}_1$ und $\mathfrak{p}_2$ voneinander und von $\mathfrak{o}'$ verschieden sind.

Wir können das ganze *Additionstheorem* folgendermaßen zusammenfassen:

1. *Sind* $\mathfrak{p}_1$ *und* $\mathfrak{p}_2$ *voneinander und von* $\mathfrak{o}'$ *verschieden, so wird* $\mathfrak{p}_3 = \mathfrak{p}_1 + \mathfrak{p}_2$ *durch* (7) *und* (8) *gegeben.*

2. *Die Verdoppelung* $\mathfrak{p}_3 = 2\,\mathfrak{p}_1$ *wird immer durch* (4) *gegeben.*

3. $\mathfrak{p}_3 = \mathfrak{p}_1 + \mathfrak{o}'$ *wird stets durch* (3) *gegeben.*

Es sei noch bemerkt, daß man das Additionstheorem folgendermaßen geometrisch beschreiben kann: Wir betrachten

$$\xi^4 + b\, \xi^2 + c = \eta^2$$

als Kurve in der ξ-η-Ebene. Die uneigentliche Gerade trifft die Kurve nur in einem einzigen Punkt, und zwar ist dieser ein Berührungsknoten mit der uneigentlichen Geraden als Tangente, d. h. die beiden zu $\mathfrak{o}$ und $\mathfrak{o}'$ gehörigen Zweige berühren sich in dem einzigen uneigentlichen Punkte der Kurve und die uneigentliche Gerade ist die gemeinsame Tangente. Nun haben alle zu $\eta = \xi^2$ parallelen Parabeln (unter die wir auch die aus der uneigentlichen Geraden und einer zur η-Achse parallelen Geraden bestehenden Kegelschnitte sowie die doppelt gezählte uneigentliche Gerade aufnehmen müssen) mit dem Zweig $\mathfrak{o}'$ einen doppelten und mit dem Zweig $\mathfrak{o}$ einen dreifachen Schnittpunkt. Sind dann $\mathfrak{p}_1, \mathfrak{p}_2, \mathfrak{p}_3$ die drei übrigen Schnittpunkte der Parabel mit der Kurve, so ist $\mathfrak{p}_1 + \mathfrak{p}_2 + \mathfrak{p}_3 = \mathfrak{o}$. Addieren wir auf beiden Seiten $\mathfrak{p}_1' + \mathfrak{p}_2'$, so erhalten wir nach (3) und wegen $2\,\mathfrak{o}' = \mathfrak{o}$

$$\mathfrak{p}_3 = \mathfrak{p}_1' + \mathfrak{p}_2'.$$

Will man also

$$\mathfrak{q}_3 = \mathfrak{q}_1 + \mathfrak{q}_2$$

konstruieren, so lege man, wenn $\mathfrak{q}_i$ die Punkte ξ_i, η_i der Kurve sind, durch die zu $\mathfrak{q}_1$ und $\mathfrak{q}_2$ konjugierten Punkte $\xi_1, -\eta_1$ und $\xi_2, -\eta_2$ die zu $\eta = \xi^2$ parallele Parabel. Die acht Schnittpunkte sind dann $\mathfrak{o}, \mathfrak{o}, \mathfrak{o}, \mathfrak{o}', \mathfrak{o}', \mathfrak{q}_1', \mathfrak{q}_2'$ und der gesuchte Punkt $\mathfrak{q}_3$. Ganz ähnlich erhält man allgemeiner eine Addition der Punkte auf der Kurve

$$a\xi^4 + b\xi^2 + c = \eta^2,$$

bei der die Summe zweier rationaler Punkte wieder ein rationaler Punkt ist, wenn $\mathfrak{o}$ ein beliebiger rationaler Punkt der Kurve ist. Um $\mathfrak{q}_3 = \mathfrak{q}_1 + \mathfrak{q}_2$ zu bestimmen, lege man durch $\mathfrak{o}, \mathfrak{q}_1', \mathfrak{q}_2'$ die Parabel, deren Achse parallel zur η-Achse ist. Sie schneidet die Kurve in ihrem Berührungsknoten vierfach, und der letzte übrigbleibende Schnittpunkt ist dann $\mathfrak{q}_3$.

Für später wollen wir jetzt feststellen, wie viele Lösungen

$$2\,\mathfrak{p} = \mathfrak{o}$$

hat. Nach (4) ist dann und nur dann $2\,\mathfrak{p} = \mathfrak{o}$, wenn

$$\begin{cases} xyz = 0, \\ (x^4 - cy^4)^2 = z^4 - dx^4y^4\,. \end{cases}$$

Ist zunächst $y = 0$, so ist $x^4 = z^2$. Für die dazugehörigen Lösungen $\mathfrak{p} = \mathfrak{o}$ und $\mathfrak{p} = \mathfrak{o}'$ ist in der Tat $2\,\mathfrak{p} = \mathfrak{o}$. Ist weiter $x = 0$, so ist $cy^4 = z^2$. Das ist nur lösbar, wenn c eine Quadratzahl ist, und die beiden Lösungen sind dann $x = 0$, $y = 1$, $z = \pm\sqrt{c}$, und für diese beiden Lösungen gilt ebenfalls, wie man sich leicht überzeugt, $2\,\mathfrak{p} = 2\,\mathfrak{p}' = \mathfrak{o}$. Da nun bei algebraisch abgeschlossenem Konstantenkörper $2\,\mathfrak{p} = \mathfrak{o}$ genau vier Lösungen hat, so folgt jetzt: $\mathfrak{p} = 2\,\mathfrak{o}$ *hat vier Lösungen, wenn c eine Quadratzahl ist, und sonst nur zwei.*

V.

Wie wir in II gesehen haben, entspricht dem Primdivisor $\mathfrak{p}$, der zur Lösung x, y, z gehört, eine Zahl s vermöge der Gleichungen

$$(1)\qquad \begin{cases} s x^2 = u^2 - 2\,buv + dv^2 \\ s y^2 = \quad 4\,uv \\ s z \;= u^2 \qquad\quad - dv^2. \end{cases}$$

[In II (10) haben wir nämlich $a = 1$ zu setzen und können $x = 1$, $y = 0$, $z = 1$ nehmen.] s ist bis auf einen quadratischen Faktor durch $\mathfrak{p}$ eindeutig bestimmt. Wir zeigen nun, daß diese Zuordnung ein Homomorphismus ist:

Satz 2. *Ist* $\mathfrak{p}_1 + \mathfrak{p}_2 = \mathfrak{p}_3$ *und gehört* s_i *zu* $\mathfrak{p}_i$, *so ist* $s_1 s_2 \underset{(2)}{=} s_3$, *das heißt* $s_1 s_2$ *und* s_3 *unterscheiden sich nur um einen quadratischen, von Null verschiedenen Faktor.*

Beweis. Nach (1) ist

$$(2)\qquad s_i\,(2\,x_i^2 + b y_i^2 - 2\,z_i) = 4\,d v_i^2 \qquad (i = 1,\ 2,\ 3).$$

Ist zunächst $\mathfrak{p}_1 = \mathfrak{o}$, so ist $v_1 = 0$, $s_1 x_1^2 = u_1^2$, also $s_1 \underset{(2)}{=} 1$. Für diesen Fall wie für $\mathfrak{p}_2 = \mathfrak{o}$ ist damit der Beweis wegen $\mathfrak{p}_2 = \mathfrak{p}_3$ schon erbracht. Nun sei $\mathfrak{p}_3 = \mathfrak{o}$, also $\mathfrak{p}_1 + \mathfrak{p}_2 = \mathfrak{o}$. Daraus folgt $\mathfrak{p}_2 = \mathfrak{p}_1' + \mathfrak{o}'$. $\mathfrak{p}_1'$ ist die Lösung $x_1, y_1, -z_1$, also ist $\mathfrak{p}_1' + \mathfrak{o}'$ die Lösung $-x_1, y_1, z_1$. Daher ist $x_2 = -x_1$, $y_2 = y_1$, $z_2 = z_1$, und daraus folgt nach (2) $s_1 = s_2$, also $s_1 s_2 \underset{(2)}{=} 1 \underset{(2)}{=} s_3$.

Sind jetzt alle $\mathfrak{p}_i$ von $\mathfrak{o}$ verschieden, so ist $v_i \neq 0$. Nach (2), IV (7) und IV (8) ist nun, wenn $\mathfrak{p}_1$ und $\mathfrak{p}_2$ voneinander und von $\mathfrak{o}'$ verschieden sind,

$$\begin{aligned}
\frac{4\,dv_3^2}{s_3} &= 2\,x_3^2 + b\,y_3^2 - 2\,z_3 \\
&= (x_1^2\,y_2^2 - x_2^2\,y_1^2 + y_2^2\,z_1 - y_1^2\,z_2)^2\,(2\,x_1^2\,x_2^2 + 2\,b\,x_1\,x_2\,y_1\,y_2 \\
&\qquad + 2\,c\,y_1^2\,y_2^2 - 2\,z_1\,z_2 + b\,(x_2\,y_1 - x_1\,y_2)^2) \\
&\underset{(2)}{=} 2\,x_1^2\,x_2^2 + b\,x_1^2\,y_2^2 + b\,x_2^2\,y_1^2 + 2\,c\,y_1^2\,y_2^2 - 2\,z_1\,z_2 \\
&= \frac{1}{s_1\,s_2}\,(2\,(u_1^2 - 2\,b\,u_1\,v_1 + d\,v_1^2)\,(u_2^2 - 2\,b\,u_2\,v_2 + d\,v_2^2) \\
&\qquad + b\,(u_1^2 - 2\,b\,u_1\,v_1 + d\,v_1^2)\cdot 4\,u_2 v_2 \\
&\qquad + b\,(u_2^2 - 2\,b\,u_2\,v_2 + d\,v_2^2)\cdot 4\,u_1\,v_1 \\
&\qquad + 2\,c\cdot 4\,u_1\,v_1\cdot 4\,u_2\,v_2 - 2\,(u_1^2 - d\,v_1^2)\,(u_2^2 - d\,v_2^2)) \\
&= \frac{4\,d}{s_1\,s_2}\,(u_1\,v_2 - u_2\,v_1)^2 \\
&\underset{(2)}{=} d\,s_1\,s_2,
\end{aligned}$$

also $s_1\,s_2 \underset{(2)}{=} s_3$.

Ist weiter $\mathfrak{p}_1 = \mathfrak{p}_2$, aber $\mathfrak{p}_1 + \mathfrak{p}_2 \neq \mathfrak{o}$, so haben wir zu zeigen $s_3 \underset{(2)}{\equiv} 1$. Nach (2) und IV (4) ist

$$\begin{aligned} s_3 &\underset{(2)}{\equiv} d\,(2\,x_3^2 + b\,y_3^2 - 2\,z_3) \\ &= d\,(2\,(x_1^4 - c\,y_1^4)^2 + 4\,b\,x_1^2\,y_1^2\,z_1^2 - 2\,z_1^4 + 2\,d\,x_1^4\,y_1^4) \\ &= 4\,d^2\,x_1^4\,y_1^4 \\ &\underset{(2)}{\equiv} 1. \end{aligned}$$

Schließlich haben wir die Behauptung noch für $\mathfrak{p}_1 = \mathfrak{o}'$ zu beweisen. Hier ist nach (2)

$$s_1 \underset{(2)}{\equiv} d\,(2 + 2) \underset{(2)}{\equiv} d,$$

also haben wir $d s_2 \underset{(2)}{\equiv} s_3$ zu zeigen. Nun ist nach (2)

$$\begin{cases} s_2 \underset{(2)}{\equiv} d\,(2\,x_2^2 + b\,y_2^2 - 2\,z_2), \\ s_3 \underset{(2)}{\equiv} d\,(2\,x_3^2 + b\,y_3^2 - 2\,z_3). \end{cases}$$

Nach IV (3) ist $x_3 = -x_2$, $y_3 = y_2$, $z_3 = -z_2$, also

$$\begin{aligned} s_2\,s_3 &\underset{(2)}{\equiv} d\,(2\,x_2^2 + b\,y_2^2 - 2\,z_2)\,(2\,x_2^2 + b\,y_2^2 + 2\,z_2) \\ &= d\,y_2^4 \\ &\underset{(2)}{\equiv} d, \end{aligned}$$

was noch zu beweisen war.

Satz 3. *Die Quadratklassen derjenigen r, für die*

$$r\,(r^2\,x^4 + b\,r\,x^2\,y^2 + c\,y^4) = z^2$$

lösbar ist, bilden eine abelsche Gruppe vom Typ (2, 2, . . ., 2) *und von endlicher Ordnung* 2^{ϱ_1}.

Beweis. Wir gehen aus von der lösbaren Gleichung

$$x^4 - 2\,b\,x^2\,y^2 + d\,y^4 = z^2.$$

Ihre Diskriminante ist $4\,b^2 - 4\,d = 16\,c$. Analog zu (1) haben wir dann

$$\begin{cases} t\,x^2 = u^2 + 4\,b\,u\,v + 16\,c\,v^2 \\ t\,y^2 = 4\,u\,v \\ t\,z = u^2 - 16\,c\,v^2. \end{cases}$$

Satz 2 können wir nun auch so aussprechen: Die Quadratklassen der t, für die dieses Gleichungssystem lösbar ist, bilden eine abelsche Gruppe, deren Elemente alle die Ordnung 2 haben. Andererseits stimmen nach II diese t überein mit den t, für die die Gleichung

$$t\,(16\,c\,t^2\,x'^4 + 4\,b\,t\,x'^2\,y'^2 + y'^4) = z'^2$$

lösbar ist. Daraus folgt aber die Behauptung, wenn wir noch $2\,x' = y$, $y' = x$, $z' = z$ und $t = r$ setzen und berücksichtigen, daß, wie in I gezeigt wurde, diese Gleichung nur für endlich viele Quadratklassen von r lösbar ist.

Wir führen jetzt das in II geschilderte Verfahren, angewandt auf die Gleichung

$$x^4 + b x^2 y^2 + c y^4 = z^2,$$

der besseren Übersicht wegen hier noch einmal kurz durch, wobei wir aber jetzt nicht mehr auf Ganzzahligkeit, sondern nur noch auf Rationalität Wert legen. Als Ausgangslösung nehmen wir $x_0 = 1$, $y_0 = 0$, $z_0 = 1$ und kommen so zu

$$(3)\qquad \begin{cases} s x^2 = u^2 - 2\,b u v + d v^2 \\ s y^2 = \qquad 4\,u v \\ s z = u^2 \qquad\quad - d v^2 \end{cases},$$

wobei man festsetzen kann, daß die hier auftretenden s lauter verschiedenen Quadratklassen angehören. Weiter ist dann

$$(4)\qquad \begin{cases} s\,(2\,x^2 + b y^2 + 2\,z) = 4\,u^2 \\ s\,(2\,x^2 + b y^2 - 2\,z) = 4\,d v^2. \end{cases}$$

Den Quadratkern von s kann man also aus einer der beiden Gleichungen

$$\begin{cases} s \underset{(2)}{=} 2\,x^2 + b y^2 + 2\,z, \\ d s \underset{(2)}{=} 2\,x^2 + b y^2 - 2\,z \end{cases}$$

bestimmen. Aus der zweiten Gleichung von (3) folgt nun

$$(5)\qquad \begin{cases} s = \alpha\beta, & u = \alpha\varkappa^2, \\ y = 2\,\varkappa\lambda, & v = \beta\lambda^2. \end{cases}$$

Das wird in die erste Gleichung von (3) eingesetzt:

$$s x^2 = \alpha^2 \varkappa^4 - 2\,b s \varkappa^2 \lambda^2 + d \beta^2 \lambda^4.$$

Setzen wir nun

$$(6)\qquad \varkappa = x', \quad \lambda = \frac{y'}{\beta}, \quad x = \frac{z'}{s\beta},$$

so erhalten wir

$$s^3 x'^4 - 2\,b s^2 x'^2 y'^2 + d s y'^4 = z'^2.$$

Es sei nun x'_0, y'_0, z'_0 eine feste Lösung dieser Gleichung. (Diese Lösung hängt natürlich von s ab; ist speziell $s \underset{(2)}{=} 1$, so können wir $s = 1$ festsetzen und $x'_0 = 1$, $y'_0 = 0$, $z'_0 = 1$ nehmen.) Dann gilt, falls $z'_0 \neq 0$,

$$(7)\qquad \begin{cases} s' x'^2 = x_0'^2 u'^2 + (-\,b s x_0'^2 + d y_0'^2)\, u' v' + c s^2 x_0'^2 v'^2, \\ s' y'^2 = y_0'^2 u'^2 + (-\,s^2 x_0'^2 + b s y_0'^2)\, u' v' + c s^2 y_0'^2 v'^2, \\ s' z' \;= z'_0 u'^2 \qquad\qquad\qquad\qquad\qquad - c s^2 z'_0 v'^2, \end{cases}$$

und, falls $z'_0 = 0$, was höchstens bei $c \underset{(2)}{=} 1$ möglich ist,

$$(7_0)\qquad \begin{cases} s' x'^2 = x_0'^2 u'^2 + (s x_0'^2 - 2\,b y_0'^2)\, v'^2, \\ s' y'^2 = y_0'^2 u'^2 - s y_0'^2 v'^2, \\ s' z' \;= 4\,\sqrt{c s}\, y_0'^2 u' v'. \end{cases}$$

Daraus folgt bei $z'_0 \neq 0$

$$(8)\quad \begin{cases} s'\,(s^3 x_0'^2 x'^2 - b s^2 y_0'^2 x'^2 - b s^2 x_0'^2 y'^2 + d s y_0'^2 y'^2 + z'_0 z') = 2 z_0'^2 u'^2, \\ s'\,(s^3 x_0'^2 x'^2 - b s^2 y_0'^2 x'^2 - b s^2 x_0'^2 y'^2 + d s y_0'^2 y'^2 - z'_0 z') = 2c\, s^2 z_0'^2 v'^2, \end{cases}$$

und bei $z'_0 = 0$

$$(8_0)\quad \begin{cases} s'\,(s y_0'^2 x'^2 + s x_0'^2 y'^2 - 2 b y_0'^2 y'^2) = 2 y_0'^2 (s x_0'^2 - b y_0'^2)\, u'^2, \\ s'\,(y_0'^2 x'^2 - x_0'^2 y'^2) \qquad\qquad\qquad = 2 y_0'^2 (s x_0'^2 - b y_0'^2)\, v'^2. \end{cases}$$

Diese Gleichungen geben also an, wie sich der Quadratkern von s' aus x', y', z' bestimmt. Jedoch ist er, wie wir gleich sehen werden, durch x, y, z im allgemeinen noch nicht eindeutig bestimmt, und zwar ist die Vieldeutigkeit die: An Stelle der Quadratklasse von s' kann auch die von cs' treten.

Beweis. Nach (6) ist

$$x' = \varkappa, \quad y' = \beta\lambda, \quad z' = s\beta x,$$

also ist nach (5) und (4) für $y' \neq 0$

$$\begin{cases} \xi' = \dfrac{x'}{y'} = \dfrac{\varkappa}{\beta\lambda} = \dfrac{y}{2v} = \dfrac{y}{\sqrt{\dfrac{s}{d}(2x^2 + b y^2 - 2z)}}, \\ \eta' = \dfrac{z'}{y'^2} = \dfrac{s x}{\beta\lambda^2} = \dfrac{s x}{v} = \dfrac{2 s x}{\sqrt{\dfrac{s}{d}(2x^2 + b y^2 - 2z)}}, \end{cases}$$

wobei für die Wurzel beide Male das gleiche Vorzeichen zu nehmen ist. Daraus erkennt man, daß auch, wenn x, y, z durch $tx, ty, t^2 z$ ersetzt werden, ξ' und η' entweder ungeändert bleiben oder gleichzeitig das Vorzeichen wechseln. Das gleiche gilt auch, wie man sich ohne weiteres überzeugt, wenn $y' = 0$ ist. Jede Lösung x, y, z führt also auf die beiden verschiedenen Lösungen x', y', z' und $-x', y', -z'$. Nach (8) bedeutet der Übergang von x', y', z' zu $-x', y', -z'$ den Übergang von der Quadratklasse von s' zu der von cs'. Dasselbe gilt bei (8_0), weil in diesem Falle $c \underset{(2)}{=} 1$ ist.

Satz 4. *Ist* $\mathfrak{p}_1 + \mathfrak{p}_2 = \mathfrak{p}_3$ *und ist* $s_1 = s_2$, *so gilt, wenn* s'_i *zu* $\mathfrak{p}_i$ *gehört,* $s'_1 s'_2 \underset{(2)}{} s'_3$ *oder* $c s'_3$.

Beweis. Nach Satz 2 ist $s_3 \underset{(2)}{=} s_1 s_2 = s_1^2 \underset{(2)}{=} 1$, also nach unserer Festsetzung $s_3 = 1$. Daher ist nach (8) und wegen der Zweideutigkeit von s'

$$s'_3 \underset{(2)}{=} 2\,(x_3'^2 - b y_3'^2 \pm z'_3)$$

oder genauer

$$\begin{cases} s'_3\,(x_3'^2 - b y_3'^2 + z'_3) = 2 u_3'^2, \\ s'_3\,(x_3'^2 - b y_3'^2 - z'_3) = 2 c v_3'^2. \end{cases}$$

Nach (6) und (5) ist

$$x_3'^2 = \beta_3 u_3, \quad y_3'^2 = \beta_3 v_3, \quad z'_3 = \beta_3 x_3,$$

also

$$(9)\qquad \begin{cases} s_3'\beta_3(u_3 - bv_3 + x_3) = 2u_3'^2, \\ s_3'\beta_3(u_3 - bv_3 - x_3) = 2cv_3'^2. \end{cases}$$

Wir beweisen nun die Behauptung der Reihe nach für die drei Fälle aus dem Additionstheorem und haben dabei gegebenenfalls noch zu unterscheiden, ob $z_0' = 0$ oder $z_0' \neq 0$ ist.

Wir beginnen mit dem allgemeinsten Falle, wo also $\mathfrak{p}_1$ und $\mathfrak{p}_2$ voneinander und von $\mathfrak{o}'$ verschieden sind. Nach (4) ist

$$4dv_3^2 = 2x_3^2 + by_3^2 - 2z_3.$$

Nach IV (7) und IV (8) erhalten wir

$$4dv_3^2 = (x_1^2y_2^2 - x_2^2y_1^2 + y_2^2z_1 - y_1^2z_2)^2(2x_1^2x_2^2 + 2cy_1^2y_2^2 - 2z_1z_2 + bx_2^2y_1^2 + bx_1^2y_2^2).$$

Nun ist

$$\begin{cases} sx_i^2 = u_i^2 - 2bu_iv_i + dv_i^2 \\ sy_i^2 = \phantom{u_i^2 - {}} 4u_iv_i \\ sz_i = u_i^2 - dv_i^2 \end{cases} \qquad (i = 1,\ 2).$$

Jetzt erhalten wir nach leichter Rechnung

$$v_3 = \frac{8}{s^3}\cdot u_1u_2(u_1v_2 - u_2v_1)^2.$$

Nach (3) und IV (7) ergibt sich dann weiter

$$u_3 = \frac{2}{s}u_1u_2(x_1y_2 - x_2y_1)^2.$$

Für $u_1u_2 = 0$ ist die Behauptung ohne weiteres direkt zu beweisen. Ist dagegen $u_1u_2 \neq 0$, so sind, was im folgenden des öfteren stillschweigend gebraucht wird, u_3 und v_3 nicht beide Null; denn sonst wären, wie man sofort sieht, x_1, y_1, z_1 und x_2, y_2, z_2 nicht wesentlich voneinander verschieden.

Nach (5) und (6) ist

$$\left.\begin{aligned} u_i &= \frac{s}{\beta_i}x_i'^2, & v_i &= \frac{y_i'^2}{\beta_i} \\ x_i &= \frac{z_i'}{s\beta_i}, & y_i &= \frac{2x_i'y_i'}{\beta_i} \end{aligned}\qquad (i = 1,\ 2)\right\},$$

also

$$(10)\qquad \begin{cases} u_3 = \dfrac{8}{s\beta_1^3\beta_2^3}x_1'^2x_2'^2(x_1'y_1'z_2' - x_2'y_2'z_1')^2, \\ v_3 = \dfrac{8s}{\beta_1^3\beta_2^3}x_1'^2x_2'^2(x_1'^2y_2'^2 - x_2'^2y_1'^2)^2. \end{cases}$$

Drücken wir auch noch x_3 durch x_i', y_i', z_i' aus, indem wir in IV (7) die obigen Ausdrücke für x_i, y_i einsetzen sowie folgenden Ausdruck für z_i

$$z_i = \frac{1}{s}(u_i^2 - dv_i^2) = \frac{1}{s\beta_i^2}(s^2x_i'^4 - dy_i'^4) \qquad (i = 1,\ 2),$$

so erhalten wir

$$x_3 = \frac{8\,x_1'^2\,x_2'^2}{s\,\beta_1^3\,\beta_2^3}\,(2\,x_1'\,x_2'\,y_1'\,y_2'\,(s^3\,x_1'^2\,x_2'^2 - b\,s^2\,x_1'^2\,y_2'^2 - b\,s^2\,x_2'^2\,y_1'^2 + d\,s\,y_1'^2\,y_2'^2)$$
$$- z_1'\,z_2'\,(x_1'^2\,y_2'^2 + x_2'^2\,y_1'^2)).$$

Jetzt folgt

$$\begin{cases} u_3 - b\,v_3 + x_3 = \dfrac{8\,x_1'^2\,x_2'^2}{s\,\beta_1^3\,\beta_2^3}\,(x_1'\,y_2' + x_2'\,y_1')^2\,(s^3\,x_1'^2\,x_2'^2 - b\,s^2\,x_1'^2\,y_2'^2 \\ \qquad - b\,s^2\,x_2'^2\,y_1'^2 + d\,s\,y_1'^2\,y_2'^2 - z_1'\,z_2'), \\ u_3 - b\,v_3 - x_3 = \dfrac{8\,x_1'^2\,x_2'^2}{s\,\beta_1^3\,\beta_2^3}\,(x_1'\,y_2' - x_2'\,y_1')^2\,(s^3\,x_1'^2\,x_2'^2 - b\,s^2\,x_1'^2\,y_2'^2 \\ \qquad - b\,s^2\,x_2'^2\,y_1'^2 + d\,s\,y_1'^2\,y_2'^2 + z_1'\,z_2'). \end{cases}$$

Nun setzen wir die Ausdrücke für $x_i'^2$, $y_i'^2$, z_i' aus (7) bzw. (7_0) hier ein. Nach einfacher Rechnung erhält man bei $z_0' \neq 0$

$$(11)\quad \begin{cases} u_3 - b\,v_3 + x_3 = \dfrac{8\,x_1'^2\,x_2'^2}{s\,\beta_1^3\,\beta_2^3}\,(x_1'\,y_2' + x_2'\,y_1')^2 \cdot \dfrac{2\,c\,s^2\,z_0'^2}{s_1'\,s_2'}\,(u_1'\,v_2' - u_2'\,v_1')^2, \\ u_3 - b\,v_3 - x_3 = \dfrac{8\,x_1'^2\,x_2'^2}{s\,\beta_1^3\,\beta_2^3}\,(x_1'\,y_2' - x_2'\,y_1')^2 \cdot \dfrac{2\,z_0'^2}{s_1'\,s_2'}\,(u_1'\,u_2' - c\,s^2\,v_1'\,v_2')^2, \end{cases}$$

und bei $z_0' = 0$

$$(11_0)\quad u_3 - b\,v_3 \pm x_3 = \frac{8\,x_1'^2\,x_2'^2}{s\,\beta_1^3\,\beta_2^3}\,(x_1'\,y_2' \pm x_2'\,y_1')^2 \cdot \frac{8\,c\,s^2\,y_0'^4}{s_1'\,s_2'}\,(u_1'\,v_2' \mp u_2'\,v_1')^2.$$

Die beiden Zahlen $u_3 - bv_3 \pm x_3$ sind nicht beide gleichzeitig Null, weil sonst $x_3 = 0$ und $u_3 = bv_3$, also

$$x_3^2 = b^2\,v_3^2 - 2\,b^2\,v_3^2 + d\,v_3^2 = -\,4\,c\,v_3^2$$

und somit auch noch $u_3 = v_3 = 0$ wäre. Wegen

$$s_3' \underset{(2)}{\sim} 2\,\beta_3\,(u_3 - b\,v_3 \pm x_3)$$

folgt also jetzt nach (11) bzw. (11_0)

$$(12)\qquad s_3' \underset{(2)}{=} 2\,\beta_3\,s\,\beta_1\,\beta_2\,s_1'\,s_2' \quad \text{oder} \quad 2\,\beta_3\,c\,s\,\beta_1\,\beta_2\,s_1'\,s_2'.$$

Nun ist nach (10)

$$u_3 = 2\,s\,\beta_1\,\beta_2\,A^2, \qquad v_3 = 2\,s\,\beta_1\,\beta_2\,B^2.$$

Andererseits ist nach (5)

$$u_3 = \alpha_3\,\varkappa_3^2 = \beta_3\left(\frac{\varkappa_3}{\beta_3}\right)^2, \quad v = \beta_3\,\lambda_3^2.$$

Daraus folgt nun aber $\beta_3 \underset{(2)}{=} 2\,s\,\beta_1\,\beta_2$, und damit ist nach (12) die Behauptung bewiesen:

$$s_3' \underset{(2)}{=} s_1'\,s_2' \quad \text{oder} \quad c\,s_1'\,s_2'.$$

Wir kommen nun zur Verdoppelung $\mathfrak{p}_3 = 2\,\mathfrak{p}_1$. Zu zeigen haben wir hier $s'_3 \underset{(2)}{=} 1$ oder c. Es ist

$$\begin{cases} x_3 = x_1^4 - c\,y_1^4, \\ y_3 = 2\,x_1\,y_1\,z_1, \\ z_3 = z_1^4 - d\,x_1^4\,y_1^4, \end{cases}$$

also ist

$$\begin{aligned} 4\,d v_3^2 &= 2\,x_3^2 + b\,y_3^2 - 2\,z_3 \\ &= 2\,(x_1^4 - c\,y_1^4)^2 + b\,(2\,x_1\,y_1\,z_1)^2 - 2\,(z_1^4 - d\,x_1^4\,y_1^4) \\ &= 4\,d\,x_1^4\,y_1^4, \end{aligned}$$

also etwa

$$v_3 = x_1^2\,y_1^2,$$

und wegen $y_3^2 = 4\,u_3\,v_3$

$$u_3 = z_1^2.$$

Nach (5) ist daher etwa

$$\begin{Bmatrix} \alpha_3 = 1, & \varkappa_3 = z_1, \\ \beta_3 = 1, & \lambda_3 = x_1 y_1 \end{Bmatrix}$$

und nach (6)

$$x'_3 = z_1, \qquad y'_3 = x_1\,y_1, \qquad z'_3 = x_1^4 - c\,y_1^4.$$

Daher ist nach (8)

$$\begin{aligned} s'_3 &\underset{(2)}{=} 2\,(x'^2_3 - b\,y'^2_3 \pm z'_3) \\ &= 4\,x_1^4 \text{ oder } 4\,c\,y_1^4, \end{aligned}$$

also in der Tat $s'_3 \underset{(2)}{=} 1$ oder c.

Beim dritten Falle des Additionstheorems handelt es sich um $\mathfrak{p} + \mathfrak{o}'$, und hier macht die Verifikation der Behauptung nur eine kleine Rechenarbeit, die wir hier weglassen wollen. Damit ist dann Satz 4 bewiesen.

Satz 5. *Dann und nur dann ist* $\mathfrak{p} = 2\,\mathfrak{q}$, *wenn für die zu* $\mathfrak{p}$ *gehörigen Zahlen* s *und* s' *gilt* $s \underset{(2)}{=} 1$ *und* $s' \underset{(2)}{=} 1$ *oder* c.

Beweis. Ist $\mathfrak{p} = 2\,\mathfrak{q}$, so folgt die Behauptung unmittelbar aus den Sätzen 2 und 4.

Zum Beweis der Umkehrung können wir ohne wesentliche Einschränkung annehmen $s = 1$ und $s' = 1$. Nach den obigen Formeln ist dann

$$\begin{Bmatrix} \alpha = \dfrac{1}{\beta}, & n = \dfrac{x'^2}{\beta}, & v = \dfrac{y'^2}{\beta}, \\ x = \dfrac{z'}{\beta}, & y = \dfrac{2\,x'\,y'}{\beta}, & z = \dfrac{x'^4 - d\,y'^4}{\beta^2}. \end{Bmatrix}$$

Dabei ist

$$x'^4 - 2\,b\,x'^2\,y'^2 + d\,y'^4 = z'^2.$$

Wegen $s' = 1$ können wir nun auf x', y', z' die gleiche Schlußweise anwenden und erhalten so

$$x' = \frac{z''}{\beta'}, \quad y' = \frac{2x''y''}{\beta'}, \quad z' = \frac{x''^4 - 16cy''^4}{\beta'^2},$$

und dabei ist

$$x''^4 + 4bx''^2y''^2 + 16cy''^4 = z''^2.$$

Setzen wir also

$$x'' = x_1, \quad y'' = \frac{y_1}{2}, \quad z'' = z_1,$$

so erhalten wir

$$\begin{cases} x = \dfrac{1}{\beta\beta'^2}(x_1^4 - cy_1^4), \\ y = \dfrac{1}{\beta\beta'^2} 2x_1y_1z_1, \\ z = \dfrac{1}{\beta^2\beta'^4}(z_1^4 - dx_1^4y_1^4) \end{cases}$$

mit

$$x_1^4 + bx_1^2y_1^2 + cy_1^4 = z_1^2;$$

die Lösung x_1, y_1, z_1 liefert also eine Lösung $\mathfrak{q}$ von $\mathfrak{p} = 2\mathfrak{q}$.

Nach Satz 3 bilden die Quadratklassen derjenigen r, für die

$$r(r^2x^4 + brx^2y^2 + cy^4) = z^2$$

lösbar ist, eine Gruppe der Ordnung 2^{ϱ_1}. Entsprechend sei 2^{ϱ_2} die Ordnung der Gruppe der Quadratklassen derjenigen r', für die

$$r'(r'^2x'^4 - 2br'x'^2y'^2 + dy'^4) = z'^2$$

lösbar ist. Dann gilt

Satz 6. *Die Faktorgruppe* $\mathfrak{p}/2\mathfrak{p}$, *d. h. die Faktorgruppe aller Lösungen* $\mathfrak{p}$ *nach der Untergruppe, die aus den Lösungen* $2\mathfrak{p}$ *besteht, ist endlich und hat die Ordnung* $2^{\varrho_1+\varrho_2}$, *wenn* c *eine Quadratzahl ist, und sonst die Ordnung* $2^{\varrho_1+\varrho_2-1}$.

Beweis. Jede Lösung x, y, z von

$$x^4 + bx^2y^2 + cy^4 = z^2,$$

zu der die Zahlen s und s' gehören, läßt sich, wie wir aus II wissen, aus einer Lösung x', y', z' der Gleichung

$$s(s^2x'^4 - 2bsx'^2y'^2 + dy'^4) = z'^2$$

gewinnen, und diese wieder erhält man aus einer Lösung x'', y'', z'' von

$$s'(s'^2x''^4 + bs'x''^2y''^2 + cy''^4) = z''^2.$$

Geht man umgekehrt bei gegebenen s und s' von einer Lösung der dritten Gleichung aus, so erhält man daraus eine Lösung der zweiten Gleichung und daraus dann wieder eine der ersten, der dann die Zahlen s und s' zugeordnet sind. Nun gibt es $2^{\varrho_1+\varrho_2}$ Quadratklassen-Paare s, s'. Wie wir oben gesehen haben, ist die Quadratklasse von s eindeutig der Lösung x, y, z zugeordnet, während die von s' auch durch die von cs' ersetzt werden kann. Zu jedem Paar s, s' wählen wir eine feste Lösung $\mathfrak{q}_i$, und zwar nehmen wir für die Paare s, s' und s, cs' den gleichen Repräsentanten. Die Anzahl der $\mathfrak{q}_i$ ist dann $2^{\varrho_1+\varrho_2}$, wenn $c \underset{(2)}{=} 1$, und $2^{\varrho_1+\varrho_2-1}$ sonst; denn die Quadratklassen der s stimmen mit denen der r' und die Quadratklassen der s' mit denen der r überein. Zwei verschiedene solche $\mathfrak{q}_i$ gehören nun verschiedenen Nebenklassen nach der Gruppe der $2\,\mathfrak{p}$ an; denn ist $\mathfrak{q}_i = \mathfrak{q}_k + 2\,\mathfrak{p}$, so haben die zu $\mathfrak{q}_i$ und $\mathfrak{q}_k$ gehörigen s nach Satz 2 die gleiche Quadratklasse, und nach Satz 4 folgt nun, daß sich die Quadratklassen der zugehörigen s' höchstens um c unterscheiden, also folgt $i = k$ auf Grund der Auswahl der $\mathfrak{q}_i$. Diese $\mathfrak{q}_i$ repräsentieren nun aber auch die ganze Faktorgruppe $\mathfrak{p}/2\,\mathfrak{p}$; denn gehören zu einer beliebigen Lösung $\mathfrak{p}$ die Zahlen s und s', so nehmen wir den Repräsentanten $\mathfrak{q}_i$, der zum Zahlenpaar s, s' oder s, cs' gehört. Für die zu $\mathfrak{p} + \mathfrak{q}_i$ gehörigen Zahlen s und s' gilt dann nach Satz 2 und Satz 4 $s \underset{(2)}{=} 1$ und $s' \underset{(2)}{=} 1$ oder c. Daraus folgt aber nach Satz 5, daß $\mathfrak{p} + \mathfrak{q}_i = 2\,\mathfrak{q}$ lösbar ist, daß also $\mathfrak{p} = \mathfrak{q}_i + 2\,(\mathfrak{q} - \mathfrak{q}_i)$. Die Ordnung der Faktorgruppe $\mathfrak{p}/2\,\mathfrak{p}$ ist daher gleich der oben bestimmten Zahl der $\mathfrak{q}_i$, und das gibt die Behauptung.

Satz 7. *Die Gruppe der Lösungen* $\mathfrak{p}$ *besitzt eine endliche Basis, d. h. es gibt endlich viele Lösungen* $\mathfrak{p}_1, \ldots, \mathfrak{p}_n$, *so daß jede Lösung* $\mathfrak{p}$ *ausgedrückt werden kann als*

$$\mathfrak{p} = g_1\,\mathfrak{p}_1 + \ldots + g_n\,\mathfrak{p}_n$$

mit ganzen rationalen g_ν.

Beweis. Im Beweis von Satz 6 haben wir gesehen, daß es endlich viele Lösungen $\mathfrak{q}_1, \ldots, \mathfrak{q}_m$ gibt, so daß man zu beliebigem $\mathfrak{p}$ ein $\mathfrak{q}_i$ angeben kann mit $\mathfrak{p} = \mathfrak{q}_i + 2\,\mathfrak{q}$, wobei $\mathfrak{q}$ höchstens vierdeutig bestimmt ist. Ist $\mathfrak{p}$ die Lösung x, y, z, wobei wir jetzt x, y, z wieder als ganze Zahlen nehmen und $(x, y) = 1$ vorschreiben, so sei $M(\mathfrak{p})$ das Maximum der absoluten Beträge von x und y. Wir werden nun zeigen, daß für ein solches $\mathfrak{q}$ fast immer $M(\mathfrak{p}) > M(\mathfrak{q})$ ist, das heißt, daß es nur endlich viele $\mathfrak{t}_1, \ldots, \mathfrak{t}_p$ gibt, für die $M(\mathfrak{t}_k) \leqq M\left(\frac{\mathfrak{t}_k - \mathfrak{q}_i}{2}\right)$ ist, und daß wir diese Ausnahmelösungen auch wirklich angeben können, wenn von den lösbaren unter den Gleichungen

$$r\,(r^2\,x^4 + b\,r\,x^2\,y^2 + c\,y^4) = z^2$$

und

$$r'\,(r'^2\,x'^4 - 2\,b\,r'\,x'^2\,y'^2 + d\,y'^4) = z'^2$$

je eine Lösung bekannt ist. Wenn das gezeigt ist, folgt, daß die $\mathfrak{q}_1, \ldots, \mathfrak{q}_m$ zusammen mit den $\mathfrak{t}_i$ eine Basis bilden; denn: Es ist $\mathfrak{p} = \mathfrak{q}_{i_1} + 2\,\mathfrak{r}_1$. Ist $\mathfrak{r}_1$ ein $\mathfrak{p}_n$, so haben wir $\mathfrak{p}$ bereits durch die behauptete Basis dargestellt. Ist das noch nicht der Fall, so ist $M(\mathfrak{r}_1) < M(\mathfrak{p})$ und $\mathfrak{r}_1 = \mathfrak{q}_{i_2} + 2\,\mathfrak{r}_2$. Ist $\mathfrak{r}_2$ ein $\mathfrak{p}_\mu$, so ist $\mathfrak{r}_1$ und damit auch $\mathfrak{p}$ durch die Basis dargestellt. Ist das nicht der Fall, so ist $M(\mathfrak{r}_2) < M(\mathfrak{r}_1)$ und $\mathfrak{r}_2 = \mathfrak{q}_{i_3} + 2\,\mathfrak{r}_3$. Dieses Verfahren bricht nach weniger als $M(\mathfrak{p})$ solchen Schritten ab; denn $M(\mathfrak{p})$, $M(\mathfrak{r}_1), \ldots$ sind natürliche Zahlen, also

$$1 \leqq M(\mathfrak{r}_l) \leqq M(\mathfrak{p}) - 1.$$

Es gibt daher ein $l < M(\mathfrak{p})$, so daß $\mathfrak{r}_l = \mathfrak{q}_{i_l} + \mathfrak{t}_\mu$ ist, und daraus ergibt sich rückwärts, daß $\mathfrak{p}$ eine ganzzahlige Linearkombination der $\mathfrak{t}_1, \ldots, \mathfrak{t}_p, \mathfrak{q}_1, \ldots, \mathfrak{q}_m$ ist.

Es bleibt also jetzt zu zeigen, daß, wenn $\mathfrak{p} = \mathfrak{q}_i + 2\,\mathfrak{q}$ ist, fast immer $M(\mathfrak{p}) > M(\mathfrak{q})$ ist.

Wir beweisen zunächst: Ist $2\,\mathfrak{x} = \mathfrak{r}$ bei gegebenem $\mathfrak{r}$ lösbar, so ist für eines dieser $\mathfrak{x}$

$$M(\mathfrak{r}) > C_1\, M(\mathfrak{x})^4$$

mit konstantem C_1. Es sei nämlich $\mathfrak{r}$ die Lösung x, y, z. Wegen

$$z^2 = x^4 + b\,x^2\,y^2 + c\,y^4$$

ist zunächst in der Landauschen Bezeichnungsweise

$$z^2 = O\left(M(\mathfrak{r})^4\right),$$

also

$$z = O\left(M(\mathfrak{r})^2\right).$$

(Hier und im folgenden kann man stets die in jedem O steckende Konstante angeben, z. B. ist hier $|z| \leqq \sqrt{1 + |b| + |c|}\, M(\mathfrak{r})^2$.) Nun sind u^2 und v^2 linear mit konstanten Koeffizienten durch x^2, y^2, z darstellbar, also ist

$$\begin{cases} u = O\left(M(\mathfrak{r})\right), \\ v = O\left(M(\mathfrak{r})\right). \end{cases}$$

Wie im Beweis von Satz 5 ist

$$u = \frac{x'^2}{\beta}, \qquad v = \frac{y'^2}{\beta},$$

wobei β nur endlich viele Werte annimmt. Daher ist

$$\begin{cases} x' = O\left(M(\mathfrak{r})^{\frac{1}{2}}\right), \\ y' = O\left(M(\mathfrak{r})^{\frac{1}{2}}\right). \end{cases}$$

Genau so erhält man

$$\begin{cases} x''^2 = O\left(\mathrm{Max}\,(|x'|, |y'|\right) = O\left(M(\mathfrak{r})^{\frac{1}{2}}\right), \\ y''^2 = O\left(\mathrm{Max}\,(|x'|, |y'|\right) = O\left(M(\mathfrak{r})^{\frac{1}{2}}\right). \end{cases}$$

Nun ist x'', y'', z'' eine Lösung $\mathfrak{x}$ von $2\,\mathfrak{x} = \mathfrak{r}$, also ist in der Tat

$$M(\mathfrak{x}) = O\left(M(\mathfrak{r})^{\frac{1}{4}}\right),$$

und das wollten wir gerade zeigen.

Wir beweisen nun weiter: Ist $\mathfrak{r}$ eine feste Lösung, $\mathfrak{p}$ eine beliebige, so ist

$$M(\mathfrak{p} + \mathfrak{r}) = O\left(M(\mathfrak{p})^3\right).$$

Ist nämlich $\mathfrak{p}$ von $\mathfrak{r}$ und $\mathfrak{o}'$ verschieden, so lehrt ein Blick auf das Additionstheorem IV (7), daß diese Behauptung richtig ist, wobei wir noch einmal zu berücksichtigen haben, daß

$$z = O\left(\operatorname{Max}(|x|^2, |y|^2)\right).$$

Damit die behauptete Abschätzung auch für die beiden Sonderfälle gilt, brauchen wir nur die in O steckende Konstante genügend groß zu wählen.

Diese beiden Abschätzungen wenden wir nun auf $\mathfrak{p} = \mathfrak{q}_i + 2\,\mathfrak{q}$ an, wo also $\mathfrak{q}$ die Rolle des obigen $\mathfrak{x}$ spielt. Danach ist

$$C_1\, M(\mathfrak{q})^4 < M(2\,\mathfrak{q}) = M(\mathfrak{p} - \mathfrak{q}_i) < C_i'\, M(\mathfrak{p})^3.$$

i durchläuft nur endlich viele Werte; ist daher C_2 das Maximum der C_i', so gilt

$$C_1\, M(\mathfrak{q})^4 < C_2\, M(\mathfrak{p})^3.$$

Die Ausnahmelösungen waren nun durch

$$M(\mathfrak{p}) \leqq M(\mathfrak{q})$$

charakterisiert. Das gibt aber

$$M(\mathfrak{p}) < \left(\frac{C_2}{C_1} M(\mathfrak{p})^3\right)^{\frac{1}{4}},$$

also

$$M(\mathfrak{p}) < \frac{C_2}{C_1}.$$

Nach der Definition von $M(\mathfrak{p})$ bedeutet das, daß $|x|$ und $|y|$ kleiner als $\frac{C_2}{C_1}$ sind. Dafür gibt es aber nur endlich viele Möglichkeiten, also gibt es erst recht nur endlich viele Ausnahmelösungen $\mathfrak{t}_1, \ldots, \mathfrak{t}_p$, und für alle anderen Lösungen ist, wie zu zeigen war, $M(\mathfrak{p}) > M(\mathfrak{q})$.

Nach Satz 7 bilden die Lösungen $\mathfrak{p}$ einen Modul $\mathfrak{M}$, dessen Koeffizientenbereich aus den ganzen rationalen Zahlen besteht, und der eine endliche Basis besitzt. Daher ist $\mathfrak{M}$ bekanntlich direkte Summe eines endlichen Moduls $\mathfrak{M}_0$ und eines Moduls $\mathfrak{M}_1$, dessen Elemente außer dem Nullelement keine endliche Ordnung haben.

Wir wenden uns zunächst der Bestimmung von $\mathfrak{M}_0$ zu und verschärfen zu diesem Zwecke die erste der obigen Abschätzungen zu

$$M(2\,\mathfrak{p}) > C\, M(\mathfrak{p})^4.$$

Wir haben nämlich oben gesehen, daß für ein geeignetes $\mathfrak{x}$ mit $2\,\mathfrak{p} = 2\,\mathfrak{x}$ gilt

$$M(2\,\mathfrak{p}) > C_1\, M(\mathfrak{x})^4.$$

Nun ist $\mathfrak{x} = \mathfrak{p} + \mathfrak{y}$, wobei $\mathfrak{y}$ eine der Lösungen von $2\,\mathfrak{y} = \mathfrak{o}$ ist, also zu einer der Lösungen $x = 1$, $y = 0$, $z = \pm 1$ oder auch, falls $c \underset{(2)}{\equiv} 1$, zu $x = 0$, $y = 1$, $z = \pm \sqrt{c}$ gehört. Ist daher $\mathfrak{p}$ die Lösung x, y, z, so gehören die zwei bzw. vier Primdivisoren $\mathfrak{p} + \mathfrak{y}$ zu den Lösungen x, y, z oder $-x, y, -z$ oder auch, falls $c \underset{(2)}{\equiv} 1$, zu $\sqrt{c}\,y,\ x,\ -\sqrt{c}\,z$ oder $-\sqrt{c}\,y,\ x,\ \sqrt{c}\,z$, wie ohne weiteres aus dem Additionstheorem folgt. Die beiden letzten Lösungen werden im allgemeinen noch nicht normiert sein, lassen sich aber wegen $(x, y) = 1$ durch Division mit einem beschränkten, nämlich in $\sqrt{c}$ aufgehenden Faktor normieren. Daraus folgt nun

$$M(\mathfrak{x}) \geqq C_3\, M(\mathfrak{p})$$

und damit, wie behauptet,

$$M(2\,\mathfrak{p}) > C\, M(\mathfrak{p})^4.$$

Ist nun $\mathfrak{p}$ von endlicher Ordnung, so durchläuft $k\mathfrak{p}$ nur endlich viele Primdivisoren, also bleibt insbesondere $M(2^j\,\mathfrak{p})$ bei $j \to \infty$ beschränkt. Durch wiederholte Anwendung der obigen Abschätzung erhält man aber

$$\begin{aligned} M(2^j\,\mathfrak{p}) &> C^{1+4+\dots+4^{j-1}} M(\mathfrak{p})^{4^j} \\ &= C^{-\frac{1}{3}} \left(C^{\frac{1}{3}} M(\mathfrak{p})\right)^{4^j}. \end{aligned}$$

Soll also $\mathfrak{p}$ endliche Ordnung haben, so muß

$$M(\mathfrak{p}) \leqq C^{-\frac{1}{3}}$$

sein. Um daher alle Elemente von $\mathfrak{M}_0$ zu bestimmen, können wir folgendermaßen vorgehen: Wir bestimmen alle $\mathfrak{p}$ mit $M(\mathfrak{p}) \leqq C^{-\frac{1}{3}}$ (deren Anzahl ist endlich) und bilden für diese $\mathfrak{p}$ der Reihe nach $2\,\mathfrak{p}$, $3\,\mathfrak{p}$, $4\,\mathfrak{p}$, ... Dies tun wir so lange, bis wir entweder $k\mathfrak{p} = \mathfrak{o}$ oder $M(k\,\mathfrak{p}) > C^{-\frac{1}{3}}$ erhalten. Im ersten Falle hat $\mathfrak{p}$ eine endliche Ordnung, im zweiten aber nicht, weil dann $k\mathfrak{p}$ nicht von endlicher Ordnung ist. Es sei noch bemerkt, daß in dieses C nur b und c eingehen, wie ein Blick auf die Herleitung der Abschätzung lehrt. *Zur Bestimmung der Lösungen endlicher Ordnung von*

$$x^4 + b x^2 y^2 + c y^4 = z^2$$

braucht man daher keine Gleichung auf ihre Lösbarkeit hin zu untersuchen.

Wir wollen jetzt noch zeigen, daß $\mathfrak{M}_0$ höchstens zwei Erzeugende besitzt. Bei algebraisch abgeschlossenem Konstantenkörper der Charakteristik 0 bilden nämlich die Lösungen der Gleichung $p\,\mathfrak{x} = \mathfrak{o}$ für jede Primzahl p eine Gruppe der Ordnung p^2. Daher hat in unserem Falle die Gruppe der Lösungen dieser Gleichung eine der Ordnungen 1, p oder p^2, und daraus folgt nach dem Fundamentalsatz über endliche abelsche Gruppen die Behauptung.

Wesentlicher ist nun die Bestimmung einer unabhängigen Basis von $\mathfrak{M}_1$, insbesondere ihrer Länge, des sogenannten „Ranges" von $\mathfrak{M}_1$, den man auch als *den Rang von* $\mathfrak{M}$ *bezeichnet.*

Satz 8. *Der Rang des Moduls* $\mathfrak{M}$ *der Lösungen von*

$$x^4 + b x^2 y^2 + c y^4 = z^2$$

ist $\varrho = \varrho_1 + \varrho_2 - 2$. (Vgl. Satz 6.)

Beweis. Nach Satz 6 hat die Faktorgruppe von $\mathfrak{p}$ nach der Gruppe der $2\,\mathfrak{p}$ die Ordnung $2^{\varrho_1+\varrho_2}$, wenn c eine Quadratzahl ist, und sonst die Ordnung $2^{\varrho_1+\varrho_2-1}$. Andererseits ist aber die Ordnung dieser Faktorgruppe $2^{\varrho+\varrho_0}$, wenn ϱ_0 die Zahl der geraden Invarianten von $\mathfrak{M}_0$ ist, wenn also $2\,\mathfrak{p} = \mathfrak{o}$ genau 2^{ϱ_0} Lösungen hat. Wie in IV gezeigt wurde, ist $\varrho_0 = 2$, wenn $c \underset{(2)}{=} 1$, und $\varrho_0 = 1$ sonst. Ist also $c \underset{(2)}{=} 1$, so ist $\varrho + 2 = \varrho_1 + \varrho_2$, und sonst ist $\varrho + 1 = \varrho_1 + \varrho_2 - 1$, also in beiden Fällen $\varrho = \varrho_1 + \varrho_2 - 2$.

Wir gehen jetzt daran, aus einer beliebigen Basis von $\mathfrak{M}$ eine *unabhängige Basis* zu konstruieren. Wie schon gezeigt, können wir alle Elemente von $\mathfrak{M}_0$ angeben und können daher auch eine aus höchstens zwei Elementen $\mathfrak{e}_\varkappa$ bestehende Basis von $\mathfrak{M}_0$ bestimmen. Sind also $\mathfrak{p}_1, \ldots, \mathfrak{p}_n$ die Elemente der gegebenen Basis, die keine endliche Ordnung haben, so bilden $\mathfrak{p}_1, \ldots, \mathfrak{p}_n$ zusammen mit der Basis von $\mathfrak{M}_0$ eine Basis von $\mathfrak{M}$. Wir beweisen nun folgenden

Hilfssatz. *Die Elemente* $\mathfrak{p}_\nu$, $\mathfrak{e}_\varkappa$ *bilden dann und nur dann eine unabhängige Basis, wenn aus*

$$\sum_\nu g_\nu \mathfrak{p}_\nu \equiv 2\mathfrak{q} \quad (\operatorname{mod} \mathfrak{M}_0), \quad g_\nu = 0 \text{ oder } 1,$$

$g_\nu = 0$ *folgt.*

Beweis. Im Falle einer unabhängigen Basis sind die g_ν eindeutig durch $\mathfrak{q}$ bestimmt; ist also $\mathfrak{q} \equiv \sum_\nu h_\nu \mathfrak{p}_\nu \,(\operatorname{mod} \mathfrak{M}_0)$, so ist $g_\nu = 2\,h_\nu$, also $g_\nu = 0$.

Es möge nun umgekehrt eine Abhängigkeit bestehen:

$$\sum_\nu \mathfrak{p}_\nu p_\nu + \sum_\varkappa e_\varkappa \mathfrak{e}_\varkappa = 0,$$

wobei die $e_\varkappa$ nur mod Ordnung von $\mathfrak{e}_\varkappa$ zu nehmen sind, so sind wegen der Unabhängigkeit der $\mathfrak{e}_\varkappa$ die p_ν nicht alle Null. Ihr größter gemeinsamer Teiler sei t. Dann ist auch $\sum_\nu \frac{p_\nu}{t} \mathfrak{p}_\nu$ noch ein Element endlicher Ordnung; denn sein t-faches liegt in $\mathfrak{M}_0$. Es gibt dann also eine Beziehung

$$\sum_\nu q_\nu \mathfrak{p}_\nu \equiv 0 \ (\operatorname{mod} \mathfrak{M}_0), \qquad (q_1, \ldots, q_n) = 1.$$

Setzen wir nun

$$q_\nu = g_\nu + 2\,r_\nu \quad \text{mit} \quad g_\nu = 0 \quad \text{oder} \quad 1,$$

so sind die g_ν nicht alle Null, und es ist

$$\sum_\nu g_\nu \mathfrak{p}_\nu \equiv 2 \sum_\nu (-r_\nu \mathfrak{p}_\nu) \pmod{\mathfrak{M}_0},$$

womit der Hilfssatz bewiesen ist.

Wollen wir also die gegebene Basis $\mathfrak{p}_\nu$, $\mathfrak{e}_\varkappa$ auf ihre Abhängigkeit untersuchen, so rechnen wir für alle Primdivisoren $\sum_\nu g_\nu \mathfrak{p}_\nu + \sum_\varkappa e_\varkappa \mathfrak{e}_\varkappa$ mit $g_\nu = 0$ oder 1 und $e_\varkappa = 0$ oder 1 die zugehörigen Zahlen s und s' aus und können dann nach Satz 5 entscheiden, welche von diesen Primdivisoren die Form $2\,\mathfrak{q}$ haben. Ist das nur für die Lösungen mit $g_\nu = 0$ der Fall, so ist die Basis unabhängig, sonst aber abhängig. Im Falle der Abhängigkeit gibt es also eine Kongruenz

$$\sum_\nu g_\nu \mathfrak{p}_\nu \equiv 2\,\mathfrak{q} \pmod{\mathfrak{M}_0},$$

wobei die $g_\nu = 0$ oder 1, aber nicht alle Null sind. Aus

$$2\,\mathfrak{q} = \sum_\nu g_\nu \mathfrak{p}_\nu + \sum_\varkappa e_\varkappa \mathfrak{e}_\varkappa$$

können wir $\mathfrak{q}$ bestimmen, wie es im Beweis von Satz 5 geschah, und dann $\mathfrak{q}$ durch die Basis ausdrücken, was wie im Beweis von Satz 7 in endlich vielen Schritten geht:

$$\mathfrak{q} \equiv \sum_\nu h_\nu \mathfrak{p}_\nu \pmod{\mathfrak{M}_0}.$$

Dann ist

$$\sum_\nu (g_\nu - 2\,h_\nu)\,\mathfrak{p}_\nu \equiv 0 \pmod{\mathfrak{M}_0},$$

wobei die Koeffizienten $g_\nu - 2\,h_\nu$ nicht alle Null sind, weil unter ihnen mindestens ein ungerader vorkommt. Ist dann t ihr größter gemeinsamer Teiler, so setzen wir

$$g_\nu - 2\,h_\nu = t k_{1\nu}$$

und erhalten in $\sum_\nu k_{1\nu} \mathfrak{p}_\nu$ wieder ein Element endlicher Ordnung mit teilerfremden Koeffizienten:

(13) $$\sum_\nu k_{1\nu} \mathfrak{p}_\nu \equiv 0 \pmod{\mathfrak{M}_0}, \qquad (k_{11}, \ldots, k_{1n}) = 1.$$

Wir können nun weitere ganze Zahlen $k_{\mu\nu}$ ($\mu = 2, \ldots, n$; $\nu = 1, \ldots, n$) bestimmen, so daß die Determinante $|k_{\mu\nu}| = 1$ ist. Die Matrix $(k_{\mu\nu})^{-1} = (l_{\mu\nu})$ ist dann ganzzahlig. Setzen wir also

$$\sum_\nu k_{\mu\nu} \mathfrak{p}_\nu = \mathfrak{q}_\mu \qquad (\mu = 1, \ldots, n),$$

so ist

$$\mathfrak{p}_\nu = \sum_\mu l_{\nu\mu} \mathfrak{q}_\mu,$$

d. h. die $\mathfrak{q}_\mu$, $\mathfrak{e}_\varkappa$ bilden auch eine Basis von $\mathfrak{M}$. Nach (13) können wir aber $\mathfrak{q}_1$ durch die $\mathfrak{e}_\varkappa$ ausdrücken, so daß schon $\mathfrak{q}_2, \ldots, \mathfrak{q}_n$ und die $\mathfrak{e}_\varkappa$ eine Basis von $\mathfrak{M}$ bilden, und diese Basis ist kürzer als die gegebene. Nach endlich vielen Wiederholungen dieses Prozesses erhalten wir daher eine unabhängige Basis von $\mathfrak{M}$.

VI.

Der hier untersuchte, durch

$$\xi^4 + b\,\xi^2 + c = \eta^2 \tag{1}$$

definierte Funktionenkörper $\mathsf{P}(\xi, \eta)$ ist ein spezieller Körper vom Geschlecht 1. Es läßt sich jedoch zeigen, daß *jeder Funktionenkörper* K *vom Geschlecht* 1 *nach geeigneter Erweiterung des Konstantenkörpers durch eine solche Gleichung definiert werden kann*: Zunächst können wir durch eine geeignete Erweiterung des Grundkörpers erreichen, daß der so erweiterte Funktionenkörper Primdivisoren ersten Grades besitzt, oder, was im wesentlichen auf dasselbe hinauskommt, daß seine definierende Gleichung im neuen Grundkörper Lösungen besitzt. Ein Körper vom Geschlecht 1, der einen Primdivisor ersten Grades besitzt, kann nun stets durch eine Gleichung der Form

$$\omega^2 = 4\,\zeta^3 - g_2\,\zeta - g_3$$

erzeugt werden. Adjungieren wir nun dem Grundkörper noch eine Nullstelle von $4\,\zeta^3 - g_2\,\zeta - g_3$, so können wir ζ, ω nach III birational in ξ, η transformieren, wobei ξ, η durch die Gleichung (1) miteinander verbunden sind. Für später ist es zweckmäßig, den Konstantenkörper gleich noch zu seinem Normalkörper über dem ursprünglichen Konstantenkörper zu erweitern.

Diesen neuen Funktionenkörper, der also durch eine Erweiterung des Konstantenkörpers aus K hervorgegangen ist und der über dem neuen Konstantenkörper N durch (1) erzeugt werden kann, bezeichnen wir mit K^*. Die Hauptaufgabe ist nun, *aus den Primdivisoren* $\mathfrak{p}^*$ *ersten Grades von* K^*, *für die wir eine Basis als bekannt voraussetzen, rückwärts eine Übersicht über die Primdivisoren* $\mathfrak{p}$ *ersten Grades von* K *zu erhalten.*

Es sei also $\mathfrak{p}$ ein Primdivisor ersten Grades von K. Seine Primzerlegung in K^* hat die Form

$$\mathfrak{p} = \mathfrak{p}_1^* \ldots \mathfrak{p}_g^*,$$

wobei die $\mathfrak{p}_\varkappa^*$ alle voneinander verschieden sind, weil bei einer Erweiterung des Konstantenkörpers keine Verzweigung auftritt. Ist f der Grad von $\mathfrak{p}_\varkappa^*$ über dem alten Grundkörper P, so ist

$$f g = m = [\mathsf{N} : \mathsf{P}].$$

Nun umfaßt der Restklassenkörper mod $\mathfrak{p}_\varkappa^*$ den Körper N, also ist $f \geqq m$, und das gibt $f = m$, $g = 1$, d. h. $\mathfrak{p}$ bleibt unzerlegt in K^* und ist, aufgefaßt als Primdivisor von K^* mit dem Konstantenkörper N, vom Grade 1, und außerdem stimmt $\mathfrak{p}$ mit seinen konjugierten überein. Ist umgekehrt $\mathfrak{p}^*$ ein Primdivisor ersten Grades von K^*, der invariant gegenüber den Automorphismen von K^*/K bleibt, und $\mathfrak{p}$ der zugehörige Primdivisor von K, so folgt durch Umkehrung dieser Schlußweise $\mathfrak{p}^* = \mathfrak{p}$. Die Frage nach den Primdivisoren ersten Grades von K kommt also darauf hinaus, die für K^*/K invarianten Primdivisoren ersten Grades von K^* zu bestimmen.

$\mathfrak{p}_1^*, \ldots, \mathfrak{p}_n^*$ sei eine unabhängige Basis der Primdivisoren ersten Grades von K^*, und es sei

(2) $$\mathfrak{p}^* = \sum_\nu g_\nu \mathfrak{p}_\nu^*.$$

Weiter sei σ ein Automorphismus von K^*/K, und dabei sei

(3) $$\begin{cases} \mathfrak{p}_\nu^{*\sigma} = \sum_\mu h_{\nu\mu}^{(\sigma)} \mathfrak{p}_\mu^*, \\ \mathfrak{o}^{*\sigma} = \sum_\mu k_\mu^{(\sigma)} \mathfrak{p}_\mu^*, \end{cases}$$

wobei $\mathfrak{o}^*$ der Bezugsprimdivisor der Addition ist. Die Gleichung (2) bedeutet

$$\frac{\mathfrak{p}^*}{\mathfrak{o}^*} \sim \prod_\nu \left(\frac{\mathfrak{p}_\nu^*}{\mathfrak{o}^*}\right)^{g_\nu}.$$

Auf diese Äquivalenz wenden wir σ an:

$$\frac{\mathfrak{p}^{*\sigma}}{\mathfrak{o}^{*\sigma}} \sim \prod_\nu \frac{\mathfrak{p}_\nu^{*\sigma\, g_\nu}}{\mathfrak{o}^{*\sigma\, g_\nu}},$$

also

$$\frac{\mathfrak{p}^{*\sigma}}{\mathfrak{o}^*} \sim \frac{\mathfrak{o}^{*\sigma}}{\mathfrak{o}^*} \prod_\nu \left(\frac{\mathfrak{p}_\nu^{*\sigma}}{\mathfrak{o}^*}\right)^{g_\nu} \left(\frac{\mathfrak{o}^{*\sigma}}{\mathfrak{o}^*}\right)^{-g_\nu},$$

und das heißt

$$\mathfrak{p}^{*\sigma} = \mathfrak{o}^{*\sigma} + \sum_\nu g_\nu (\mathfrak{p}_\nu^{*\sigma} - \mathfrak{o}^{*\sigma}).$$

Daraus folgt nach (3)

(4) $$\mathfrak{p}^{*\sigma} = \sum_\mu \left(k_\mu^{(\sigma)} + \sum_\nu g_\nu (h_{\nu\mu}^{(\sigma)} - k_\mu^{(\sigma)})\right) \mathfrak{p}_\mu^*.$$

Nun soll $\mathfrak{p}^*$ invariant für K^*/K sein, also $\mathfrak{p}^{*\sigma} = \mathfrak{p}^*$ für jeden Automorphismus σ von K^*/K. Nach (2) und (4) bedeutet das wegen der Unabhängigkeit der Basis

(5) $$g_\mu = k_\mu^{(\sigma)} + \sum_\nu g_\nu (h_{\nu\mu}^{(\sigma)} - k_\mu^{(\sigma)}),$$

wobei μ die Zahlen von 1 bis n und σ die Galoissche Gruppe von K^*/K durchlaufen, und wobei die den Basiselementen endlicher Ordnung entsprechenden Gleichungen nur als Kongruenzen nach der jeweiligen Ordnung zu lesen sind. Für die gesuchten g_μ haben wir also ein lineares Gleichungs- und Kongruenzensystem gefunden. Seine allgemeine Lösung liefert die gewünschte Übersicht über die Primdivisoren $\mathfrak{p}$ ersten Grades von K: Ist z. B. (5) unlösbar, so heißt das, es gibt keine Primdivisoren ersten Grades in K. Ist (5) aber lösbar, so werden die invarianten $\mathfrak{p}^*$, die wir auch einfach als Primdivisoren $\mathfrak{p}$ von K bezeichnen können, gegeben durch

$$\mathfrak{p} = \sum_\mu g_\mu \mathfrak{p}_\mu^*,$$

wobei die g_μ eben die Lösungen von (5) sind. Das bedeutet offenbar, daß *die* $\mathfrak{p}$ *eine Nebenklasse nach einer gewissen Untergruppe von* $\mathfrak{M}^*$ *bilden, die durch das zu* (5) *gehörige homogene Gleichungs- und Kongruenzensystem definiert ist.* Ist $\mathfrak{o}$ ein fester Primdivisor unter diesen $\mathfrak{p}$, so können wir die Elemente dieser Untergruppe eineindeutig auf die Differenzen $\mathfrak{p} - \mathfrak{o}$ abbilden. Der Addition in dieser Untergruppe entspringt nun eine neue Addition der $\mathfrak{p}$, die wir so definieren: Wir setzen $\mathfrak{p} \oplus \mathfrak{q} = \mathfrak{r}$, wenn $(\mathfrak{p} - \mathfrak{o}) + (\mathfrak{q} - \mathfrak{o}) = \mathfrak{r} - \mathfrak{o}$ ist. Die Gruppeneigenschaft dieser Addition ist nach der Herleitung klar; was wir zeigen wollen, ist natürlich, daß diese Addition mit der alten Addition der Primdivisoren ersten Grades von K mit $\mathfrak{o}$ als Bezugsdivisor übereinstimmt. $\mathfrak{p} \oplus \mathfrak{q} = \mathfrak{r}$ bedeutet $\mathfrak{p} + \mathfrak{q} = \mathfrak{r} + \mathfrak{o}$, d. h. $\frac{\mathfrak{p}\mathfrak{q}}{\mathfrak{r}\mathfrak{o}}$ ist Hauptdivisor in K*. Daraus folgt nun aber, daß $\frac{\mathfrak{p}\mathfrak{q}}{\mathfrak{r}\mathfrak{o}}$ Hauptdivisor schon in K ist; denn: In der Klasse von $\frac{\mathfrak{p}\mathfrak{q}}{\mathfrak{o}}$ in K gibt es genau einen Primdivisor $\mathfrak{t}$ ersten Grades, so daß $\frac{\mathfrak{o}\mathfrak{p}}{\mathfrak{q}} \sim \mathfrak{t}$ ist. Daraus folgt natürlich erst recht $\frac{\mathfrak{p}\mathfrak{q}}{\mathfrak{o}} \sim \mathfrak{t}$ in K*. Andererseits ist in K* schon $\frac{\mathfrak{p}\mathfrak{q}}{\mathfrak{o}} \sim \mathfrak{r}$, wobei $\mathfrak{r}$ durch $\frac{\mathfrak{p}\mathfrak{q}}{\mathfrak{o}}$ eindeutig bestimmt ist, also ist $\mathfrak{r} = \mathfrak{t}$, d. h. $\frac{\mathfrak{p}\mathfrak{q}}{\mathfrak{r}\mathfrak{o}} \sim 1$ in K. Schreiben wir dies als $\frac{\mathfrak{p}}{\mathfrak{o}} \cdot \frac{\mathfrak{q}}{\mathfrak{o}} \sim \frac{\mathfrak{r}}{\mathfrak{o}}$, so sehen wir nunmehr, daß *die oben definierte Addition* $\mathfrak{p} \oplus \mathfrak{q}$ *übereinstimmt mit der alten Addition* $\mathfrak{p} + \mathfrak{q}$ *in* K, *die* $\mathfrak{o}$ *als Bezugsdivisor hat.*

Wir bekommen daher eine Basis des Moduls der $\mathfrak{p}$ in K, indem wir eine Basis der obenerwähnten Untergruppe von $\mathfrak{M}^*$ bestimmen, und das kommt, wie man ohne weiteres sieht, genau darauf hinaus, daß man ein System unabhängiger Lösungen des zu (5) gehörigen homogenen Gleichungs- und Kongruenzsystems bestimmt.

(Eingegangen am 31. 3. 1939.)

MIX
Papier aus verantwortungsvollen Quellen
Paper from responsible sources
FSC® C105338

If you have any concerns about our products,
you can contact us on
ProductSafety@springernature.com

In case Publisher is established outside the EU,
the EU authorized representative is:
Springer Nature Customer Service Center GmbH
Europaplatz 3, 69115 Heidelberg, Germany

Printed by Libri Plureos GmbH
in Hamburg, Germany